たった

1日で
基本が
身に付く!

Docker/
Kubernetes

超入門

伊藤 裕一 [著]
Yuichi Ito

技術評論社

■本書をお読みになる前に

はじめに

　Docker は Docker 社が主導してオープンソース形式で開発しているコンテナソフトウェアです。コンテナを使うことで自分が開発するアプリケーションや既存のサービス（たとえば Web サーバー）をパッケージング化して、1 つの OS 上で独立させて複数実行させることができます。そのため、「ある場所で開発したアプリをそのまま別の場所で動かしたい」「サービス A とサービス B を 1 つの OS 上で同時に走らせたい」といった状況にうまく対処することができます。

　このコンテナ技術は主に Linux で使われますが、Windows 上や Mac 上でも利用可能なので、「Windows や Mac 上でコンテナベースのサービスを開発し、それを本番環境の Linux で動かす」という使い方がよく行われます。

　筆者の記憶では、Docker が特に注目されはじめたのはおよそ 2013 から 2014 年あたりでした。その少し前の 2000 年代後半は、急速に Web 系のサービスがリッチになり、サービスの内部が複雑化し、超大量のトラフィックを捌く必要がある大規模サイトが誕生した時代です。それらの複雑なサービスを開発するには「処理能力を増やすために多数のサーバーをセットアップする（水平展開）」「新機能を短いサイクル開発して公開する（アジャイル方式の開発）」などが求められていました。

　こういった状況では従来の開発／運用スタイルである「開発者のノート PC で開発したコードを本番環境に移してサービスを更新する」の実現が難しいです。開発者のノート PC の環境と長く運用されている本番環境は同じではないので、更新の難易度は高くて失敗すればサービスが停止してしまいます。このような状況を Docker が打破できるのではないかという期待から、Docker ブームが発生したのではないかと思います。

　問題の解決手法としては Docker 以外にも着目されたものがあり、本書で Docker ホストの構築に利用する Ansible に代表される構成管理ツールや、Jenkins などの CI/CD パイプラインもその代表的なものです。

　本書の出版の話を技術評論社様からいただいた際に、調査がてら大きな本屋でどういった Docker/Kubernetes 本があるかを調べてみました。コンテナの詳しい扱い（デプロイ方法の詳細なオプションなど）について書かれた本は多数あるものの、いまいち「Docker を実際に何に使うのか」を想像できる本が多くないなという印象を受けました。そのため実際にサービスを開発することを主眼に置いたコンテナ利用法の書籍を書いたら多くの方に喜んでもらえるのではないかと思って執筆の依頼を受けました。

　コンテナを使った開発は非常に広大なテーマですし、開発者のレベルに応じて実践する手法も大きく異なります。本書の内容は比較的小規模なレベルでの開発手法ですので、本を読んだらすぐに試すことができるでしょう。そして簡単な手法の経験があれば、より大規模なコンテナ開発の手法を理解する土壌が培われるのではないかと考えています。

後半で取り上げる Kubernetes は、小規模な環境（1 ホスト）で利用することが多い Docker を、より大規模な環境で利用するためのデファクトスタンダートとなるツールです。Kubernetes は非常に複雑なツール（アプリよりのインフラの基盤）なので、理解するのは大変だけれども、なければ大規模なコンテナベースのサービスを展開し辛いというジレンマがあります。とりあえず Kubernetes を使えるようになるだけであれば、気合を入れて分厚い専門書籍の内容を前から後ろに試していけばいいでしょう。

　ただ、1 番の理解方法は「自分でサービスを作成して、動かす」ことです。専門書から与えられた複雑な利用法を何となく試す前に、本書を始点として自分のサービスを Kubernetes に展開してみて、それを Kubernetes 向けに設計をアップグレードしながら学んでいくと本質が掴めるのではないかと思います。

　前置きが長くなりましたが、ここからは本書の構成について説明します。

　まず 1 章から 3 章では、Docker を操作しながら使い方や仕組みについて学びます。手を動かしながらコンテナやイメージの操作方法や仕組みを学び、コンテナがどのようにリソース（計算資源やネットワーク、ストレージ）を使うかを知ってもらいます。これを学べばコンテナとして提供されるアプリケーションを自分の環境で使うことができるようになります。

　続く 4 章と 5 章は、3 章までの知識を前提とした上で、Dockerfile（イメージの設計図）を使った構成管理と、Docker Compose（コンテナをどう使うかという設計図）を使った複数コンテナのアプリケーションの展開について学びます。これらを学ぶことで小規模な環境（1 ホスト上）での Docker を使ったアプリケーション開発／展開を行うことができるようになります。開発環境で作ったアプリケーションを本番環境に持っていくこともできますので、Docker の重要ポイントは 5 章までで把握できるはずです。

　6 章は Docker を使った CI/CD（継続的インテグレーション／デプロイメント）について学びます。アプリケーションの開発はリリースして終わりではなく、機能追加やバグ修正といった更新も求められます。機能を壊さないように短い周期で開発／テスト／デプロイをすることは人力では難しいので、それを Docker と CI/CD を使って解決する実例を扱います。CI/CD のツールとして Jenkins を使い、パイプラインと呼ばれる手法で自動でビルド（イメージ作成）とテスト、デプロイを実施できるようになります。

　CI/CD も専門書籍があるので詳細はそちらで学べるかと思いますが、難しい理論を学ぶ前に 5 章までで作成してきたアプリで CI/CD を行えば、概要を素早く理解して、実践の足がかりになるはずです。

　7 章と 8 章は Kubernetes を使って、コンテナを複数ホストで運用する手法について扱います。1 つのホストでの運用であれば Docker（Docker Compose）単体の利用で対応できますが、複

数ホストを使った冗長性のあるアプリケーションの開発にはホストのクラスタリングが必要です。Kubernetes というコンテナのオーケストレーションソフトウェアを使って、どのようにサービスを結びつけてアプリケーションを構築するかについて学びます。

　これも単に提供するコンテナを使うのではなく、実際にコンテナの開発からスタートします。そして 8 章の最後に少し大きな視点で現在のコンテナに関わるインフラと開発周りの状況を説明します。

　本書の内容は、「1 日で基本が身につく！」シリーズの中では比較的上級者向けに書かれています。プログラミングも Linux などのインフラもかじったことがある方にとっては、いろいろな技術をミックスして実際に役立つ使い方を学べるという意味では面白いかもしれません。ただ、それらをほとんど経験したことがない方には知らない知識を前提とした話があるので少し難しく感じるかもしれません。

　そういった場合は本書で各技術がどう組み合わされているのかを大まかに把握し、それらを個別に学習すれば理解が進むかと思います。

　今は検索すればいろいろな断片的な情報がでてきますので、無理に本書だけですべてを学ぼうとするのではなく、全体としてのストーリーは本でつかみ、個別の情報は Web や他の専門書籍（次のステップ）も併用することをおすすめします。

　本書を最後まで読んでいただければ、おぼろげなコンテナや DevOps に関する知識を実際に利用できるレベルにまでもっていけるはずです。きちんと学ぶのであれば非常に長い旅となるでしょうが、多くの方が直面する「最初のスタート地点がわからない」という問題を解決できればと考えております。そして読者の方が本書の内容を超えて、より高いレベルを目指していただけることを願っております。

2020 年 6 月　伊藤裕一

サンプルファイルのダウンロード

　本書で紹介しているサンプルファイル（学習用の素材を含みます）は、以下のサポートページよりダウンロードできます。

サポートサイト https://gihyo.jp/book/2020/978-4-297-11428-2/support

　ダウンロードしたファイルは ZIP 形式で圧縮されていますので、展開してから使用してください。展開すると、各章のサンプルのフォルダが現れます。

目次

CHAPTER **1** Dockerを使ってみよう

CHAPTER **6** ·········· **DockerアプリでCI/CDしよう**

1

Dockerを使ってみよう

Dockerとコンテナ技術について学ぼう

アプリを開発するためには、開発環境やテスト環境、実行環境などを用意する必要があります。その環境構築を手助けしてくれるのが**Docker**です。ソースコードやLinuxパッケージから構成されるアプリを丸ごとイメージ化し、環境構築を自動化できます。**Docker**はコンテナ技術の一種であり、まずはその概要を紹介します。

◎ コンテナって何？

　本書を手にとられた方の中には、Linuxのyumコマンドやaptコマンドを使用した体験があるかもしれません。これらのコマンドは、Webサーバーなどのアプリや関連ライブラリを「パッケージ」としてインストールするために使われます。パッケージはコンパイル済みのアプリを、依存関係の情報とともにまとめたもので、目的のパッケージをインストールすると実行に必要な他のパッケージも自動的にインストールされます。それ以前に主流だった「ソースコードをダウンロードして、makeコマンドでコンパイルする手法」に比べ、アプリのインストール難易度を劇的に下げました。

　Linuxの「コンテナ技術」の基本的な考え方は従来のパッケージと同じです。あるアプリに必要な環境をパッケージという容器にまとめて提供することで導入コストを下げます。ただし、コンテナは従来のyumなどのパッケージに比べるともっと大きな単位で環境をパッケージとしてまとめています。Webサーバーなどのアプリレベルというよりも、CentOSやUbuntuというOSレベルでパッケージ（イメージと呼ばれる）を作成します。

図1-1 ▶ Linux パッケージと Docker イメージの比較

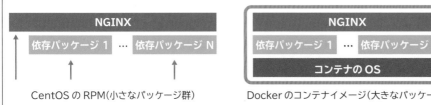

コンテナはアプリが必要とする基盤（OSや依存するライブラリ）自体もイメージとしてパッケージ化しているので、別の環境（異なるマシン）に持っていってそのまま動かすこともできます。また、コンテナのイメージはyumのパッケージのような「あるパッケージを入れたら、依存する別のパッケージが必要」といった依存関係がないので、導入がシンプルでトラブルが少ないというメリットもあります。

Dockerはこのコンテナ技術を使いやすくまとめたソフトウェアです。Dockerが普及する前は一部の先進的な企業（たとえばGoogle）が非常に高い技術力でコンテナを利用しているだけでしたが、Dockerが誕生したことで普通のITエンジニアがコンテナを手軽に扱えるようになりました。

Dockerを利用することで既存のイメージを簡単に導入したり、開発環境で作ったイメージを変更なしに本番環境に投入するといったことができるようになります。

◎ Dockerのエディションについて知ろう

Dockerにはいくつかのエディション（バリエーション）が存在します。多くのユーザーが利用するのは「コミュニティエディション」と呼ばれるもので、業務で利用することもできるフリー版です。業務での利用でサポート（QAや障害時のヘルプ）や、フリー版では利用できない追加機能が必要な場合は有償の「エンタープライズエディション」を利用します。本書ではエンタープライズエディションの機能は使いません。

それに加えて、Dockerの開発のベースとなっている「Moby」と呼ばれるDockerの開発プロジェクト／エディションも存在しています。Docker自体の開発をしたい場合や、GA（Generally Available、一般公開）となっていない超最新機能などを利用したい場合は検討対象に入りますが、一般ユーザーが利用することは非常にまれです。

非常にざっくりした見方をすると、この3つの関係はMobyがFedora Linuxであり、コミュニティエディションがCentOS Linux、エンタープライズ版がRHEL（Red Hat Enterprise Linux）といえるかもしれません。Fedoraでの成果が有償サポート付きのRHELで生かされて、それをフリーソフトウェアでクローンしたサポートなしのCentOSという関係です。

パワーユーザーも含めて、Dockerの利用者は基本機能とプラグイン（ネットワークやストレージなど）でコンテナを運用しています。Mobyを使うような利用法（つまりDocker自体の開発など）をしておらず、自分でDockerをコントロールできてサポート不要というユーザーが多いため、おそらくほとんどすべてのユーザー（少なくとも筆者の周り）がコミュニティエディションを使っています。

なお、Dockerのエンタープライズ事業は2019年末にミランティス社（OpenStackで有名なクラウド製品の会社）に買収され、Docker社は開発者向けの事業（DockerそのものとDockerHub）にフォーカスすることとなりました。

1

Dockerを使ってみよう

02 Dockerをインストールしよう

Dockerを**Windows**や**Mac**で利用するには、**Docker**社が公開している**Docker Desktop**を使う方法と、**VirtualBox**などの仮想化ソフトウェアで作成した仮想マシンにインストールする方法の2通りがあります。本書執筆時点（**2020年6月**）では、**Docker Desktop**は**Windows10 Pro**または**Mac**が対象なので、**Windows 10 Home**ユーザーは後者の方法を利用してください。

◎ CentOS7（Linux）へのインストール

　読者の多くはWindowsかMacを使っていると思いますが、DockerはLinux上で使われるのが本番環境での一般的な使い方です。Linux上のDockerの構成がシンプルなので、最初にLinuxへの導入の概要を解説します。実際に試さなくてもよいですが、一読されることをおすすめします。
　LinuxのDocker構成を以下の図に示します。後述するWindowsやMac向けの構成は、ここで解説するLinuxのDocker構成を内包する形となっています。

図1-2 ▶ **Docker**ホストの構造

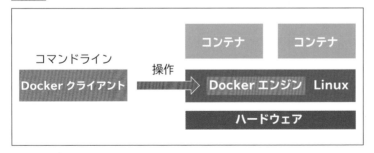

　詳細なアーキテクチャは以降のページで順次説明しますが、LinuxにアプリとしてDocker本体（Dockerエンジン）をインストールし、その上でコンテナを実行します。Docker本体に対する操作はクライアント（dockerコマンド）を通して実施します。クライアントはDocker本体があるホストでも構いませんし、リモート（セキュリティの設定は必要）でも構いません。

POINT

具体的なアプリのインストール手順などは、導入する時期によって変化する可能性があります。Dockerサイト上の情報やWeb検索なども併用して具体的な手順を確認してください。また、インストール先となる仮想マシン作成に使用する、Hyper-VやVirtualBoxについても、Web検索などを併用していただくことを想定しています。

本書ではLinuxホストとして CentOS7（CentOS-7-x86_64-Minimal-1908.iso）を利用しますが、これはデスクトップでの利用ではなく、Docker実行のための環境として利用します。CentOS7のインストール時の設定では、以下の2つの設定を行ってください。

- 言語は「英語」にします。
- NIC（Ethernet）はデフォルトでオフ（利用しない）になっているのでオンにしてください。

日常使用するOSであれば、言語設定は日本語のほうが使いやすいですが、リモートから操作したりシェルスクリプトを使う場合は、英語のほうがメッセージ出力やディレクトリ名がシンプルなのでおすすめです。

図1-3 CentOSインストール時の設定①

❶ 言語は英語（English）を選択

❷ ＜Continue＞をクリック

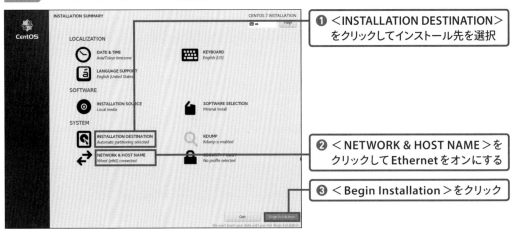

図1-4 ▶ CentOS インストール時の設定②

❶ ＜INSTALLATION DESTINATION＞
をクリックしてインストール先を選択

❷ ＜NETWORK & HOST NAME＞を
クリックして Ethernet をオンにする

❸ ＜Begin Installation＞をクリック

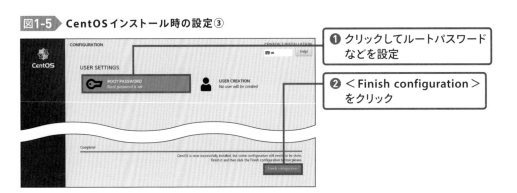

図1-5 ▶ CentOS インストール時の設定③

❶ クリックしてルートパスワード
などを設定

❷ ＜Finish configuration＞
をクリック

CentOS7のインストールが完了してコンソールが表示されたら、以下のコマンドを発行します。Dockerをインストールする前に依存パッケージを入れて、yum に Docker のパッケージ保存先を登録してインストールしています。最後にDockerのサーバー機能（エンジン）を起動して、OS再起動時もそれが自動起動するようにしています。

図1-6 ▶ Docker のインストール

```
$ yum install -y yum-utils device-mapper-persistent-data lvm2
$ yum-config-manager --add-repo https://download.docker.com/linux/centos/docker-ce.repo
$ yum install -y docker-ce docker-ce-cli containerd.io
$ systemctl start docker
$ systemctl enable docker
```

インストールと起動設定が完了すると、docker コマンドが利用できるようになっています。ここで

は「docker version」コマンドを実行して、クライアントとエンジン（接続できなければエラー表示が出る）のバージョンを確認します。

図1-7 バージョン確認

```
$ docker version
Client: Docker Engine - Community
 Version:           19.03.4
中略

Server: Docker Engine - Community
 Engine:
   Version:         19.03.4
後略
```

◎ Docker Desktop を Windows と Mac に導入する

Docker社が開発するユーザーマシン向けのDockerソフトウェアが「**Docker Desktop**」です。WindowsとMacのユーザーはDocker Desktopをインストールすることで、マシン上でDockerを使えるようになります。以下にDocker Desktopの構成図を記載します。

図1-8 **Docker Desktop**の構造

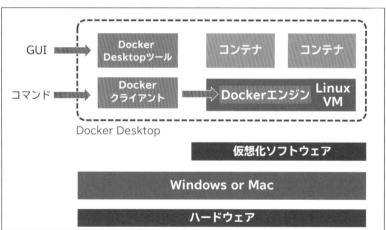

CentOS7（Linux）ベースのコンテナは、カーネル（**OS**のコア部分）をホストと共有するためLinux上でしか起動できません。WindowsやMacはLinuxカーネルを内部に持たないため、Docker Desktopは上記図にあるように仮想化ソフトウェア上にDockerエンジンを持つLinuxを仮想マシンとして起動し、

その上でコンテナを動かすという構成をとります。自分で仮想化ソフトウェアを導入して同じ構成を作ることもできますが、単にコンテナを使いたいだけであれば仮想マシンを使っていることを隠してくれるDocker Desktopを利用するほうが簡単です。あたかもWindowsやMac上で直接Linuxコンテナを使えるように見せかけることができます。仮想化ソフトウェアの上は、先ほどのCentOSのDockerホスト構成とほとんど同じですが、**docker**コマンドだけでなく**GUI**で**Docker**を管理できるようになっています。たとえば、DockerのバージョンアップなどはGUI上から実施できます。

なお、Docker DesktopのWindows版である「Docker Desktop for Windows（以下DDfW）」はWindows10 Proを対象としており、Windows10 Homeはサポートしていません。これはDDfWが仮想化ソフトウェアとして使うHyper-Vという機能がWindows10 Homeでは利用できないためです。Windows10 Homeユーザーは、VirtualBoxというサーバー仮想化ソフトウェアでCentOS7のDockerホストを構築して、それにSSH接続するという方法を使ってください（P.26参照）。

ただ、2020年中盤からWSL2という新しい仮想化方式をDDfWが採用する見込みなので、本書を手にとったタイミングではWindows10 HomeでもDDfWが使えるようになっているかもしれません。

◉ Windows10 Proへのインストール

Windows10 ProにDDfWをインストールしていきます。DDfWを使うにはHyper-V機能を有効にする必要があるため、コントロールパネルの「Windowsの機能の有効化または無効化」を選択し、機能一覧の選択ボックスからHyper-Vにチェックを入れて＜OK＞をクリックしてください。促されるままに再起動をすればHyper-Vが有効になります。

図1-9 Hiper-V の有効化

次にDocker Desktopのサイト（https://www.docker.com/products/docker-desktop）よりWindows用インストーラーをダウンロードします。ダウンロードを行うには**Docker**へのユーザー登録が必要なので、「Sign In」をクリックして登録してください。登録するユーザー名はあとでイメージのPush（アップロード）／Pull（ダウンロード）に利用するので、短くて使いやすいユーザー名を登録するのがよいでしょう。

図1-10 Docker Desktop のサイト

インストーラーを起動すると選択画面が出てきますが＜Use Windows containers instead of Linux...＞に「チェックを入れない」で＜OK＞をクリックしてください。チェックを入れてしまうと、コンテナがLinuxではなく、Windowsのコンテナになってしまいます。

図1-11 インストールオプション

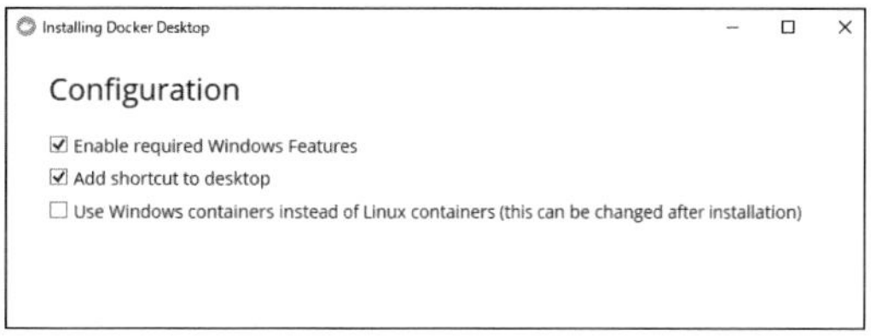

インストール完了時にWindowsの再起動が求められるので、再起動するとPowerShell（Windows付属のコマンドラインツール）でdockerコマンドが利用できるようになっています。

POINT

> PowerShellは今後何度も利用するので、スタートメニューから探して、それをドラッグアンドドロップでタスクバーに登録しておくと便利です。

docker versionコマンドが実行できるか確認してみます。

図1-12 PowerShellでDockerのバージョンを確認

```
PS C:¥Users¥yuichi> docker version
Client: Docker Engine - Community
 Version:           19.03.5
中略

Server: Docker Engine - Community
 Engine:
  Version:          19.03.5
後略
```

問題なくClientとServerのバージョンが表示されていればインストールに成功しています。なお、今後のユーザープロンプトは「PS C:¥Users¥yuichi>」のようなPowerShell形式ではなく、Linuxのプロンプト形式「$」で統一します。

◉ Macへのインストール

極端に古いバージョンでなければ、Macでは「Docker Desktop for Mac（以下DDfM）」というDocker DesktopのMac版が利用できます。DDfWと同じようにMacが仮想マシンとしてLinuxを動かして、その上でLinuxのDockerコンテナを動かしています。インストール方法もDDfWと同じです。Dockerの

サイトよりインストーラーをダウンロードしてきて、それを＜アプリケーション＞フォルダに移して起動すればDockerを利用可能となります。インストール作業はWindowsよりも簡単です。インストールが完了するとdockerコマンドが利用できるようになっています。アプリケーションディレクトリからターミナルを開いて、dockerコマンドが使えるか確認してください。

◎ 仮想マシンを作ってみよう

Docker Desktopは便利ですが、Dockerの本番環境では必ずLinux上にDockerをインストールしたDockerホストが利用されます。WindowsやMac上でこの環境を作るために、サーバー仮想化ソフトウェアを導入してLinuxを動かし、その上にDockerホストを構築します。この方法が必須となるのは、DDfWを使えないWindows10 Homeユーザーのみですが、Docker Desktopを使えるWindows10 ProユーザーとMacユーザーの場合も、本書の一部（主に6章）で必要になります。

最初にCentOS7のISOイメージをダウンロードしておいてください。本書で利用しているのは「**CentOS-7-x86_64-Minimal-1908.iso**」なので、同じファイルを利用することをおすすめします。このファイル名をGoogleなどで検索すると、ダウンロードサイトを見つけることができます。

図1-13 CentOS7のISOイメージのダウンロード

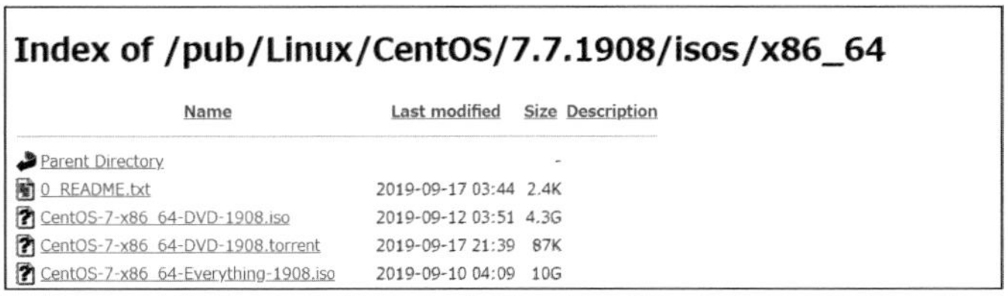

Index of /pub/Linux/CentOS/7.7.1908/isos/x86_64

Name	Last modified	Size	Description
Parent Directory		-	
0_README.txt	2019-09-17 03:44	2.4K	
CentOS-7-x86_64-DVD-1908.iso	2019-09-12 03:51	4.3G	
CentOS-7-x86_64-DVD-1908.torrent	2019-09-17 21:39	87K	
CentOS-7-x86_64-Everything-1908.iso	2019-09-10 04:09	10G	

◉ Hyper-Vへのインストール（Windows10 Proユーザー）

Windows10 Pro上にCentOS7を展開するには、DDfWがインストールされていれば、Hyper-Vというサーバー仮想化ソフトウェアが有効になっているので、それを利用します。なお、Hyper-Vを有効化したWindowsでは後述のVirtualBoxは使えないので注意してください。

DDfWのインストール過程でHyper-Vが有効化されていれば、「Hyper-V マネージャー」が使えるようになっています。スタートメニューから＜Windows管理ツール＞→＜Hyper-Vマネージャー＞と選択して管理画面を起動し、左側のパネルから自分のマシンを選択すると仮想マシン操作ができるようになります。DDfWをインストールしていれば、以下の図のようにDockerDesktopVMというものがすでに作成されています。これは消さないでください。

図1-14 ▶ Hyper-Vマネージャーの画面

仮想マシン作成の前に仮想マシンを接続するネットワーク（仮想スイッチ）を作成します。右側のパネルの＜仮想スイッチマネージャー＞をクリックし、表示された画面で＜新しい仮想ネットワークスイッチ＞を選択し、仮想スイッチの種類で＜外部＞を選択して＜仮想スイッチ作成＞をクリックします。さらに設定画面が表示されるので、そこでスイッチ名（本書ではExternalBridgeとしました）を入力し、外部ネットワークに接続するインターフェースを選択した上で＜OK＞をクリックします。

図1-15 ▶ 仮想ネットワークスイッチの作成

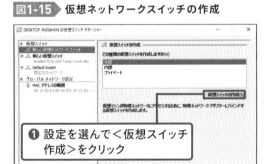

次に仮想マシンの作成です。Hyper-Vマネージャーの右パネルの＜新規＞をクリックして＜仮想マシン＞を選択し、仮想マシン名（本書ではcentos7としました）を与えます。その他は以下のように設定してください。

- ＜世代＞では第一世代を選び、＜メモリ＞に**2048MB**を選び、ネットワークに先ほど作成した**ExternalBridge**を選択
- 仮想ハードディスク名とサイズはデフォルトのまま（大きなサイズを指定しても、使わない領域は消費されません）
- ＜ブート**CD/DVD-ROM**からオペレーティングシステムをインストールする＞と＜イメージファイル＞を選択して**CentOS7**の**ISO**を選択

図1-16 仮想マシンの作成

作成された仮想マシンを右クリックして＜設定＞を選び、CPU数（コア数）を可能であれば1から2に変更してください。CPU数はDockerホストでは1でも構いませんが、Minikube（7章で解説）では2が要求されます。

図1-17 仮想マシンの作成

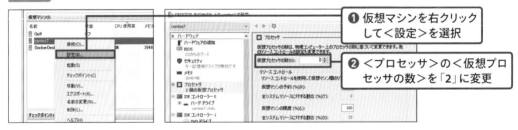

仮想マシンを起動したら先に説明したパラメーターでCentOS7の設定を行い、インストール完了後に起動できることと、ネットワークにつながることを確認してください。これで仮想マシンの初期セットアップは終了となります。

図1-18 CentOSインストール時の設定

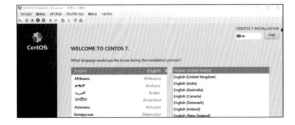

VirtualBoxへのインストール（Windows10 HomeとMacユーザー）

Hyper-Vが利用できないWindows10 HomeとMacでは **VirtualBox** という無償の仮想化ソフトウェア
を利用しますが、類似ソフトウェアのVMWarePlayerやVMWareFusion（有償）でもおそらく問題なく
利用できます。VirtualBoxのダウンロードページ（https://www.virtualbox.org/wiki/Downloads）から、
インストーラーを入手してください。

インストーラーをダブルクリックし、画面の指示に従ってインストールを進めていきます。インストー
ルが完了したらVirtualBoxを起動し、＜新規＞をクリックして仮想マシンを作成します。

図1-19 VirtualBoxのメイン画面

① ＜新規＞をクリック

仮想マシン名（本書ではcentos7とする）を設定し、メモリを2048MBにし、新規仮想ディスクの作
成を行います。

図1-20 仮想マシンの作成①

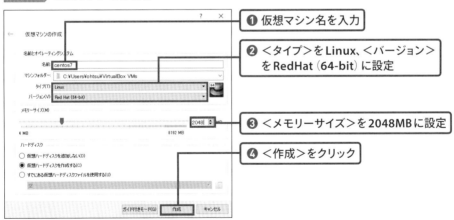

① 仮想マシン名を入力

② ＜タイプ＞をLinux、＜バージョン＞
をRedHat（64-bit）に設定

③ ＜メモリーサイズ＞を2048MBに設定

④ ＜作成＞をクリック

POINT

設定項目が少ない「ガイド付きモード」の画面が表示された場合は、＜エキスパートモード＞をクリッ
クして切り替えてください。

ディスクのタイプにはVDI（VirtualBox Disk Image）を選択します。ストレージのサイズは50GBを指定します。

図1-21 仮想マシンの作成②

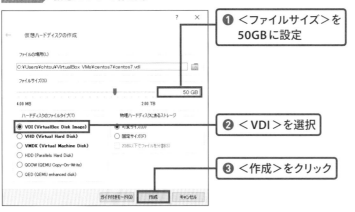

❶ ＜ファイルサイズ＞を
50GBに設定

❷ ＜VDI＞を選択

❸ ＜作成＞をクリック

仮想マシンが作成されるとVirtualBoxのメイン画面に戻ります。＜設定＞をクリックして設定画面を表示し、プロセッサー数を1から2に増やします。

図1-22 仮想マシンの設定①

❶ ＜設定＞をクリック

❷ ＜システム＞の＜プロセッサー数＞を2に設定

ネットワークの接続をNATから「ブリッジアダプター」にし、接続するインターフェースをホストのWindows/Macが利用しているものにします。

図1-23　仮想マシンの設定②

❶＜ネットワーク＞の＜割り当て＞をブリッジアダプターに設定

最後にストレージの設定から仮想CDドライブにCentOS7のISOを挿入して設定完了です。

図1-24　仮想マシンの設定③

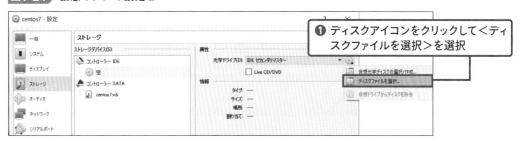

❶ ディスクアイコンをクリックして＜ディスクファイルを選択＞を選択

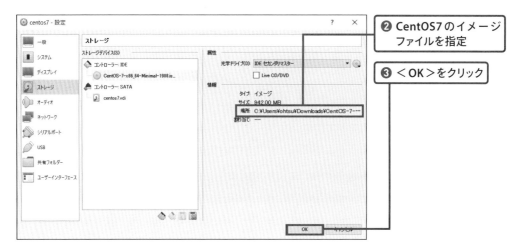

❷ CentOS7のイメージファイルを指定

❸ ＜OK＞をクリック

　設定が終わったら仮想マシンを起動し、CentOS7の指示に従ってインストールを行います。設定内容はこれまで紹介してきた通りです。

図1-25 CentOS7のインストール

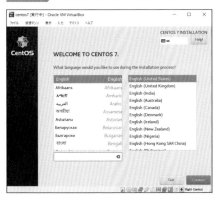

インストールが完了したら、その仮想マシンが外部に接続できるかを「ping 8.8.8.8」「ping google.co.jp」などとして確認します。問題なく通信できれば、仮想マシンの準備は完了です。

COLUMN	仮想マシンを複製する

もし同じ構成の仮想マシンを大量に作りたいのであれば、Hyper-Vでは仮想マシンを選択してエクスポートしてフォルダとして書き出します。インポートボタンでエクスポートされたフォルダを選択することで同一構成の仮想マシンを新規作成することができます。設定ウィザードでインポート種類を聞かれますが、＜仮想マシンをコピー＞を選んでください。

VirtualBoxではVirtualBoxマネージャー上の仮想マシンを右クリックして＜クローン＞を選択して複製できます。作成されるVMの名前を入力して、クローン方式を＜すべてをクローン＞にすれば同一構成の仮想マシンがもう1台作成されます。

◎ SSHでDockerに接続する

作成した仮想マシンは仮想化ソフトウェアの管理画面から操作することもできますが、IPを特定したあとはSSHで操作をするほうがコマンドのコピー＆ペーストがしやすいため、おすすめです。Windows10のPowerShellやMacのターミナルには、SSHクライアントのコマンドが標準で用意されているので、それを使って接続します。

まずは仮想マシンのCentOS7を起動し、rootユーザーでログインします。本書ではDockerホストへの接続はrootユーザーを利用します。

図1-26 仮想マシンのコンソールからログイン

```
localhost login: root
Password:              ←rootユーザーのパスワードを入力
```

続いてipコマンドで仮想マシンに割り当てられているIPアドレスを確認します。

図1-27 IPアドレスの確認

```
[root@localhost ~]# ip a
中略
    inet 192.168.1.84/24 brd 192.168.1.255 scope global noprefixroute dynamic eth0
後略
```

　PowerShell またはターミナルを起動し、「ssh root@ 仮想マシンのIPアドレス」と入力します。暗号化の設定をしていないことに対する警告が表示されますが、「yes」と入力して進めてください。rootユーザーのパスワードを入力すると、接続が完了すると仮想マシン側のプロンプトが現れます。

図1-28 SSHで接続する

```
PS C:\Users\ohtsu> ssh root@192.168.1.84
The authenticity of host '192.168.1.84 (192.168.1.84)' can't be established.
ECDSA key fingerprint is SHA256:OEsU4CWU1cwDBZJoWp9QHc6u0iPUg/+P8jGklQr104k.
Are you sure you want to continue connecting (yes/no)? yes
Warning: Permanently added '192.168.1.84' (ECDSA) to the list of known hosts.
root@192.168.1.84's password:        ←rootユーザーのパスワードを入力
[root@localhost ~]#                  ←プロンプトが仮想マシンのものに変わる
```

　ここからあとは、仮想マシンを直接操作するのと同じように利用できます。P.16で説明しているDockerのインストールを行ってみましょう。以降はSSH経由の操作状態のことをコンソールと呼びます。

図1-29 Dockerをインストールする

```
[root@localhost user001]# yum install -y yum-utils device-mapper-persistent-data lvm2
後略
```

POINT -

　SSH接続を終了するときは、exitコマンドでログアウトします。

Dockerを体験してみよう

Dockerのインストールが完了したので、Dockerコンテナを展開することで概要を学びます。最
初にhello-worldコンテナやnginxコンテナの展開を通してどのようにコンテナが作成されるか
学び、実際にアプリを動かしてみます。そのあとでコンテナを作るイメージを管理するレジストリ
の使い方を説明します。

◎ Hello Worldイメージの展開

Dockerをはじめて利用する方のために「hello-world」というイメージが用意されているので、それを
起動してみましょう。コンソールを開いて以下のコマンドを入力してください。コマンドの詳細は後述
しますが、dockerコマンドに続けてcontainer（コンテナ）をrun（実行）するとし、その対象イメージ
としてhello-worldを指定しています。

図1-30 ▶ hello-worldイメージからコンテナを作成

```
$ docker container run hello-world
中略


Hello from Docker!
This message shows that your installation appears to be working correctly.

To generate this message, Docker took the following steps:
 1. The Docker client contacted the Docker daemon.
 2. The Docker daemon pulled the "hello-world" image from the Docker Hub.
    (amd64)
 3. The Docker daemon created a new container from that image which runs the
    executable that produces the output you are currently reading.
 4. The Docker daemon streamed that output to the Docker client, which sent it
    to your terminal.
後略
```

入力するとさまざまなメッセージが表示されたあとで、最終的に「Hello from Docker!」に続けて「こ

のコンテナがどのように起動されたか」を説明するメッセージが出力されます。日本語で要約すると以下の通りです。

図1-31 **日本語要約**

このメッセージが見えたということは、インストールは成功したようです。
このメッセージを表示するために、Dockerは以下のことをやっています。

1. Dockerクライアント（dockerコマンド）がDockerデーモン（サーバー）に命令
2. Dockerデーモンが「hello-world」イメージをDockerHubより取得
3. Dockerデーモンがイメージからコンテナを作成し、メッセージ表示をするプログラムを実行
4. DockerデーモンがメッセージをDockerクライアントに送信し、それがターミナルに表示された

はじめての方には日本語にしてもわかりにくいかもしれませんので、仕組みを図にまとめました。

図1-32 **コンテナが起動されるまでの流れ**

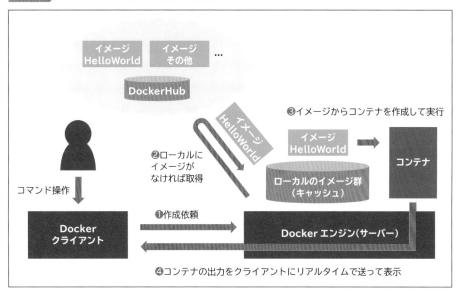

　Dockerの実行環境はサーバー上で「Dockerエンジン（サーバープロセス）」として動いています。詳しくは3章の後半で説明しますが、メッセージに表記される「Dockerデーモン」はDockerエンジンの一部であり、外部からの命令をREST API（HTTPベースのAPI規格）で受け付けます。そしてDockerデーモンは、Dockerエンジンの他のコンポーネントに実行を依頼します。先ほど利用したdockerコマンドは、このDockerエンジンに命令を投げるクライアントとして使われており、「hello-worldイメージのコンテナを走らせろ」と依頼しています。

　クライアントから命令を受けたDockerエンジンはイメージをDockerHubからダウンロードしてき

て、イメージからコンテナを作成します。そしてコンテナに対してプログラム（Hello Docker メッセージの表示）を実行しろと命令します。その命令を実行して出力されたメッセージは、Docker エンジン経由で命令元であるクライアント（docker コマンド）に送り返され、画面に「Hello from Docker!」と表示されます。

　重要なのは「Docker クライアントが Docker エンジンに命令を送る」ということと、「コンテナはイメージから作成され、実行される」という2点です。また、エンジンはイメージを管理する機能も備えており、イメージをダウンロードしたりローカル保存したりする機能も備えています。そのため、同一イメージを使うコマンドを再度発行してもダウンロードは発生せずに高速に起動できます。

◎ nginx（Webサーバー）の展開

　今度はもう少し現実的なアプリの例として Web サーバーである nginx を展開したいと思います。以下のコマンドを発行し、nginx のイメージからコンテナを作成してください。起動するとコンソールがコンテナに奪われて、コマンドを入力できない状態になりますが、無視してください。

図1-33　nginxの展開

```
$ docker container run -p 8080:80 nginx
Unable to find image 'nginx:latest' locally
後略
```

　先ほどの HelloWorld 時のコマンドと前半は同じですが、「-p」オプションを加えています。詳細は3章で説明しますが、ホスト（Docker Desktop や Docker ホスト）のポート 8080 番へのアクセスをコンテナのポート 80 に流すという設定です。

　この状態でブラウザの URL 欄に「http://127.0.0.1:8080/」と入力して、自分自身（localhost）の 8080 番ポートに接続すると、nginx の Web ページが表示されます。docker コマンドを発行したコンソールでもアクセスを示すログメッセージが表示されるはずです。

POINT

　上記は Docker Desktop の手順です。Docker ホスト（仮想マシンにインストールした Docker）を利用している場合は、「http://仮想マシンの IP アドレス:8080」と入力してください。

　nginx のコンテナを展開しただけで Web サーバーを作成して公開することができました。自分でサーバーをインストールすることに比べると、圧倒的に簡単なアプリの展開方法です。Docker は開発にも便

利ですが、たとえ開発をしなくても既存のサービスを迅速に展開するという目的でも便利なツールです。

図1-34 nginx にブラウザで接続

　さて、すでにnginxをコンテナとして展開していますが、別のnginxを同時に利用してみましょう。先ほどのnginxコンテナにコンソールが奪われていますので、もう1つPowerShell ／ターミナルを起動して以下のコマンドを実行してください。今度のイメージはすぐあとに説明する「タグ」という仕組みで古いバージョン指定をしており、オプションをいくつか追加しています。

図1-35 もう1つnginxを起動する

```
$ docker container run --name mynginx -d -p 8081:80 nginx:1.9.15-alpine
Unable to find image 'nginx:1.9.15-alpine' locally
1.9.15-alpine: Pulling from library/nginx
中略
1e6be71a31aa98181193a85e9e3d7adeac2bfd362f7cff35db4f73b522522235
```

　今度は先ほどと異なり、コンソールの制御がすぐに戻ってきたはずです。これは新しく追加したオプション「-d」でコンテナをデーモンとして起動している（バックグラウンドで実行される）ためです。他にはコンテナの名前を「--name」オプションでmynginxと指定しています。コンテナに接続するホスト側のポートも8080に重複させられないので8081に変更しています。
　ブラウザで「http://127.0.0.1:8081/」に接続すると、見た目は同じですが、新しく展開したnginxコンテナに接続されます。
　現在動いているコンテナを確認してみましょう。「docker container ls」と入力します。以下に出力例を記載します（紙面に入り切らないので出力を抜粋しています）。

図1-36 起動中のコンテナを確認

```
$ docker container ls
CONTAINER ID    IMAGE              PORTS                         NAMES
ab7a3ef78945    nginx:1.9.15-alpine  443/tcp, 0.0.0.0:8081->80/tcp  mynginx
40720b60ed8e    nginx              0.0.0.0:8080->80/tcp          practical_merkle
```

自分で名前を指定した2つ目のコンテナはmynginxとなっていますが、1つ目のコンテナはDockerが適当に与えた「practical_merkle」という名前になっています（適当に与えられるので異なることもあります）。1列目の表示はコンテナIDと呼ばれるもので、これでもコンテナを区別することができます。

サービス構築をしたことがある人であればご存じかもしれませんが、一般的に「同じOS内で同一アプリの異なるバージョンを同時に利用する」ということはできません。nginxのバージョンAとバージョンBの同時利用は、パッケージシステム経由では「新しくインストールしたバージョンが古いバージョンを上書きする」という挙動になるためできないのです。

Dockerを使うと、1つ目のnginxと2つ目のnginxは独立した環境（コンテナ）として展開されるので、こういった問題は発生しません。以下の図のように異なる2つのCentOSの上で、異なるバージョンのnginxをそれぞれ動かしている状況と同じです。

図1-37 同じホスト上で動く2つのnginxコンテナ

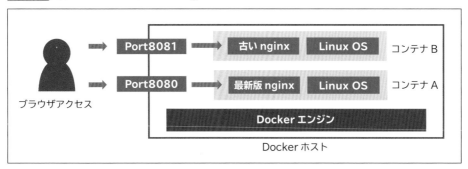

2つのアプリを独立させて1つのホスト上で動かすことができると、アプリAとアプリBがお互いに干渉するリスクをなくせます。yumコマンドを使うと多数のパッケージ（多いときは数百）が依存関係で取り込まれますが、複雑なアプリを2つ導入すると、それぞれが同じパッケージの違うバージョンを要求するといったシナリオが発生します。そのような状況で「インストールできない」といったトラブルが起きるのはかわいいもので、最悪なのはアプリの導入手順に依存してアプリの挙動が変わったり、実行時にバグで停止したりするというものです。コンテナを使うことでそういった問題を回避できます。

これらのコンテナはもう使いませんので、利用しているリソースを開放するために「docker container stop」コマンドで停止します。名前かコンテナIDを指定できますが、1つ目のnginxのコンテナ名かIDを指定する場合はご自身の環境にあった値を使ってください。

図1-38 コンテナの停止

```
$ docker container stop mynginx
$ docker container stop 40720b60ed8e
```

◎ docker コマンドの体系

本節では「docker container run/stop」コマンドを使ってコンテナを起動したり、削除したりしました。今後はさまざまなコマンドでコンテナやイメージなどの操作をしていきますが、個別の項目に入る前にdockerコマンドの体系についてお話しておきます。

まず、昔はコマンドはきちんと体系化されておらず「docker <操作種類>」というようにコンテナの操作やイメージの操作がフラットに存在していました。ただ、現在主流となっているdockerコマンドは操作体系ごとにカテゴリ分けされて、「docker <操作グループ> <操作種類>」となりました。こうすることで「docker container ls」でコンテナ一覧を得て、「docker image ls」でイメージを得るというような理解しやすい使い方ができます。本書でも体系化されたコマンドを利用します。

図1-39　体系化されたdockerコマンド

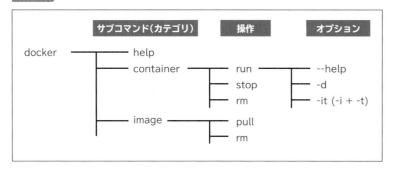

◎ レジストリの基本

Dockerイメージはファイルとして管理することもできますが、レジストリという仕組みを使って管理することが一般的です。レジストリ上にはイメージを置くリポジトリが用意され、そこに異なるバージョンの同一イメージが複数管理されています。たとえばCentOSのイメージはCentOSリポジトリに保存され、UbuntuのイメージはUbuntuリポジトリに保存されます。各リポジトリ内には同一種類の異なるイメージが収められており、CentOSディレクトリにはCentOS6、CentOS7、CentOS8などが存在しています。

レジストリは組織や個人でプライベートなものを作成することもできますが、一般的には公開サービスであるパブリックレジストリを使うことが多いです。パブリックレジストリの最も有名なものが「DockerHub」と呼ばれるDocker社が提供するレジストリです。これがDockerやK8s（Dockerを使う場合）のデフォルトレジストリとして利用されます。レジストリとDockerHubの関係は、GitとGitHub

の関係に似ています。

　レジストリ上に公開されているイメージは誰でもダウンロードできます。非公開となっているイメージは、そのオーナーしかダウンロードをできません。イメージをアップロードするには公開／非公開に関わらず誰のイメージかを特定するために、DockerHubにログインをする必要があります。

COLUMN | リポジトリを識別するタグ

同一リポジトリ内の異なるイメージを識別するための目印は「タグ」と呼ばれています。イメージ名に続けてコロン (:) とタグ名を記載し、「centos:6.9」「centos:7.6.1810」などとします。
タグをどう利用するかはイメージ次第です。CentOSのようにバージョンのみとする場合もあれば、Pythonのイメージは「python:3.7.5-alpine」といったようにPython自体のバージョンと、
その下のOSまで記載するものなどがあります。なお、タグ名は省略可能であり、省略した場合は最新版という意味を持つlatestタグ（centos:latestなど）と解釈されます。

◎ 公式リポジトリと非公式リポジトリ（一般ユーザー）

　DockerHubにはさまざまなリポジトリが存在しますが、CentOSやMySQLといった有名サービスはあらかじめ「公式リポジトリ」というDocker社公認の特別なリポジトリが用意されています。公式リポジトリのイメージ名は「イメージ名:タグ」という形式で管理されています。

図1-40　DockerHub上のネームスペースとリポジトリ

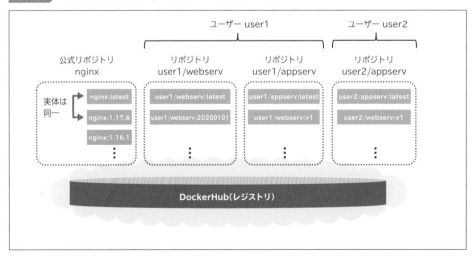

　一方、個人や組織がDockerHubに置くリポジトリは「**ユーザー名/イメージ名:タグ**」という形式を使用します。イメージ名の前にスラッシュとユーザー名が追加されており、「user1/webserver:v1.0」や「user2/webserver:latest」といった指定になります。

　なお、DockerHub以外のレジストリを使う場合は、それをホスト名で指定します。「レジストリのホスト名/リポジトリ名:タグ」という形式か「レジストリのホスト名/ネームスペース/リポジトリ名:タグ」という形式になります。このネームスペースはDockerHubであればユーザー名となりますが、ここでは自由に設定できます。

POINT

dockerコマンドが利用するデフォルトのレジストリは**DockerHub**となっており、それ以外を利用する場合はレジストリの指定が必要です。

◎ DockerHubへのログイン／ログアウト

　dockerクライアントでDockerHubを利用するには、ログインが必要な場合があります。たとえば他の人があなたのリポジトリに勝手にイメージを登録しないよう制限する場合などです。ログイン／ログアウト操作は以下のように「**docker login**」コマンドと「**docker logout**」コマンドで行います。DockerHubのアカウントは事前に作成しておいてください（P.18参照）。

図1-41 ▶ DockerHubへのログイン／ログアウト

```
$ docker logout
Not logged in to https://index.docker.io/v1/

$ docker login
Login with your Docker ID to push and pull images from Docker Hub. If you don't have a
Docker ID, head over to https://hub.docker.com to create one.
Username: yuichi110
Password:
Login Succeeded
```

　ログインしているか否かの確認はloginコマンドのメッセージから判断できます。ログインしていない場合は上記のようにパスワードが求められ、すでにログインしている場合はパスワードが求められずにログインに成功した（Login Succeeded）というメッセージが表示されます。

04 コンテナの利用法を学ぼう

Dockerを使うにはコンテナのライフサイクルを理解することが必須です。推奨される使い方は「イメージからコンテナを作成し、コンテナの利用が終われば再利用せずに破棄」というものですが、それ以外の状態や利用法についても把握が必要です。本節ではコンテナのライフサイクルと利用法全般を体系的に説明します。

◎ コンテナのライフサイクル

　コンテナの利用とイメージについて概要は把握してもらえたと思います。ここではコンテナのライフサイクル（作成されてから破棄されるまで）と、操作方法もう少し深堀りしてみたいと思います。コンテナのライフサイクルはおおまかに下図のようなものとなります。オレンジの矢印が推奨される操作です。

図1-42 ▶ コンテナのライフサイクル

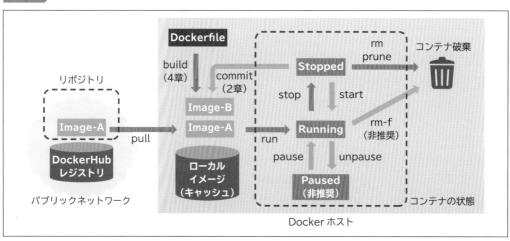

　コンテナはイメージから作成され、作成されたイメージは役割を終えたら破棄されます。コンテナの理想的な運用はこれだけです。図にあるような停止したコンテナの起動やイメージ化などの操作も可能

ですが、これらは極力控えてください。停止と再起動を行う代わりに破棄と新規作成を行い、コンテナをイメージ化する代わりにDockerfileによるビルドを行うことが推奨されます。

ただ、これらの操作も必要になるシナリオもあるので本節で利用法を紹介します。

◎ コンテナの作成

コンテナの作成はDockerにおける一番重要な操作の1つです。さまざまなことができるので最初にすべてを説明することはできませんが、最初に知るべき重要なことをまず紹介します。

コンテナの作成には「**docker container run <イメージ名> <コンテナで実行するコマンド>**」コマンドを利用します。そうすると、指定したイメージをコンテナ化して起動します。同じイメージからコンテナはリソースが許すだけ作成できます。技術的に厳密ではありませんが「イメージは設計図（ブループリント）であり、コンテナは設計図から作られた実体である」と思っていただくと両者の関係がわかりやすいかもしれません。

イメージ名に続けて指定する「コンテナで発行するコマンド」は省略可能です。イメージには「デフォルトで実行されるコマンド」が設定されており、nginxはサーバーを起動するコマンドが設定されているので何も指定しなければサーバーが起動しました。ただ、あえてコマンドを指定することでそれを上書きすることができます。

以下の例ではnginxをデフォルトコマンドで起動したあと、Linuxのdateコマンドを指定してコンテナを起動しています。dateコマンドによってデフォルトのサーバー起動は打ち消されます。

図1-43　コンテナの作成

```
$ docker container run nginx
イメージのデフォルトコマンドでサーバーが起動。<Ctrl-C>で終了。

$ docker container run nginx date
Fri Dec  6 23:39:13 UTC 2019
```

また、コンテナを作成する際に「**--name**」オプションでコンテナ名を指定することもできます。これにはコンテナを区別しやすくするというメリットがありますが、名前が重複してコンテナ作成に失敗することがあるというデメリットもあります。Dockerの思想としては名前を付けずに機械的に扱うことが望ましいとされていますが、操作しやすさを優先して名前を付けることが多いかもしれません。

◎ 作成したコンテナを操作可能にする -it オプション

コンテナに対して直接操作したい場合に利用するオプションが「-it」です。これは「-i, --interactive」と「-t, --tty」の2つをくっつけたオプションで、まとめて「-it」と指定されるのが一般的です。これを加え

ないとコンテナに制御端末機能が提供されないので、起動後にキーボード入力ができませんし、コンテナも端末が得られずに即停止してしまいます。次の例では、コンテナのCentOS7をbash（Linuxのシェル）で操作しています。1つ目の例はオプション「-it」がないので、端末が得られずにbashが停止しているのに対して、2つ目はbashが起動しており、コマンドを実行できます。

図1-44 ▶ コンテナのbashを操作可能にする

```
$ docker container run nginx bash

$ docker container run -it nginx bash
root@4f14751a515f:/# date
Sat Dec  7 00:03:12 UTC 2019
root@4f14751a515f:/# exit
```

◉ -dオプションと--rmオプション

もう1つ重要なのが、「-d, --detach」オプションの有無です。detachは離すという意味で、要するにコンソールを離してバックグラウンドで起動するということです。nginxを-dオプションなしで起動するとコンソールを奪われてしまいましたが、そういった状況は望まれないことが多く、たいていはコンテナ起動時に-dオプションを利用します。

なお、先ほどのbashのようにフォアグラウンド（表）で起動させてしまった端末を停止させずにバックグラウンドに持っていきたい場合は、コンソールで「Ctrl-PQ」（Ctrl＋Pのあとに Ctrl＋Q）を押します。「-d」オプションや「Ctrl-PQ」によりバックグラウンドで起動しているコンテナの端末に入るには「docker container attach <コンテナ名>」コマンドを使います。

最後に紹介するオプションが「--rm」というもので、これはコンテナが停止されたらコンテナを即破棄するオプションです。最初に説明したライフサイクルからわかるように、コンテナは停止されても残り続けます。それを手動で消したりしますが、あきらかに残さなくてよいコンテナを立ち上げる場合は「--rm」を付けて起動しておくと改めて消す手間がかからず簡単です。おすすめなのが「--name」との併用で、識別／操作しやすいように名前付きのコンテナを何度も作るような状況であっても、停止すれば自動削除されますので次回作成時に名前重複（エラーで作成できない）が発生しません。

以下に「--rm」と「--name」の併用例を記載します。「--rm」なしで起動したhello1コンテナは2回目の作成がコンテナ名重複で失敗していますが、「--rm」ありのhello2コンテナは2回目の作成も成功しています。

図1-45 ▶ 「--rm」と「--name」の併用

```
$ docker container run --name hello1 -d hello-world
f0d977044859765be16fb66af1d5301d8150846842ab4c00e814ab78bf8a480a
```

```
$ docker container run --name hello1 -d hello-world
docker: Error response from daemon: Conflict.
The container name "/hello1" is already in use by container "f0d977044859765be...".
You have to remove (or rename) that container to be able to reuse that name.
See 'docker run --help'.

$ docker container run --rm --name hello2 -d hello-world
f9d8beff13bcba32db97416abe2d5ca8a8f26ca3b4e5336d0a7a82cc85f02b53

$ docker container run --rm --name hello2 -d hello-world
ad6ee475c26dc0c17f6cb7fa05dfe8eea84f41bec52f24078ff35283ac0bdd77
```

なお、名前重複が発生している場合は、コンテナの削除だけでなく、コンテナの名前変更「docker container rename <元の名前> <新しい名前>」でも解決できます。

◎ 稼働済みのコンテナでコマンドを発行

すでに稼働しているコンテナに対してコマンド操作を行うことはよくあります。たとえばイメージの開発をしている際に、手を加えたり調査を実施したりする場合などです。本番稼働しているコンテナを直接操作することはあまり望まれませんが、定型化されていない例外的な操作が必要になった際に利用することもあります。

「docker container exec」コマンドは、コンテナでコマンドを発行（execute）するためのコマンドです。すでに動いているコンテナの設定ファイルを見たり、シェルでログインしたりする際に使われます。以下にすでに展開されている nginx_container というコンテナに対して、コマンドを発行する例を示します。最後の例のように run コマンドで利用した -it オプションは exec コマンドでも使えます。稼働しているコンテナに入る場合は bash や sh コマンドとともに利用されます。

図1-46 ▶ コンテナに対してコマンドを発行

```
$ docker container exec nginx_container date
Sat Dec  7 01:28:18 UTC 2019

$ docker container exec nginx_container cat /etc/nginx/nginx.conf
user  nginx;
worker_processes  1;
中略

$ docker container exec -it nginx_container bash
root@3663d000b579:/# date
```

```
Sat Dec  7 01:28:53 UTC 2019
root@3663d000b579:/#
```

　execコマンドではたまにリダイレクトやパイプ処理を実施したい場合があります。たとえばコンテナで「echo 'hello docker' > /hello.txt」というコマンドを使いたいとしましょう。何も考えずにこのコマンドを発行すると、コンテナで「echo 'hello docker'」を発行した結果が、コンテナではなくホストの/hello.txtに書き込まれてしまい、期待した結果が得られません。

　dockerでは、リダイレクトやパイプが必要な場合、「bash -c "echo 'hello docker' > /hello.txt"」というように、シェル（bashやshなど）に「-c」オプションを付け、実行したいコマンドを引用符で囲んで実行するテクニックがよく使われます。

図1-47 リダイレクトを利用

```
$ docker container exec nginx_container sh -c "echo 'hello docker' > /hello.txt"

$ docker container exec nginx_container cat /hello.txt
hello docker
```

　複雑な処理を定期的にexecで呼び出す場合などは、上記のように複雑なコマンドを呼び出すのではなく、コンテナにシェルスクリプトを置いておき、それを呼び出すほうがシンプルです。突発的に発生する操作であれば、execでbashなどに入ってコマンドを呼び出しても構いません。

◎ helpコマンドの使い方

　runコマンドはオプションの数が極端に多くて複雑なコマンドです。使い方を調べなければ、きちんと使いこなすことはできません。dockerのhelpコマンドや「--help」オプションを使うことで、どのようなコマンドが存在するか、どういうオプションが存在するかを確認できます。dockerコマンド体系を確認するには、「docker help」コマンドを利用します。

図1-48 containerカテゴリのヘルプを表示

```
$ docker help
Options:
      --config string      Location of client...
中略
Management Commands:
  builder      Manage builds
  config       Manage Docker configs
```

```
中略
Commands:
  attach       Attach local standard input,...
後略
```

dockerコマンドに使える共通のオプション一覧と、カテゴリの一覧、フラットなコマンドの一覧が得られます。現在はカテゴリ指定方式のコマンドが推奨されますので、「Management Commands:」でそれらしいカテゴリを見つけてください。

そのカテゴリの詳細を見たいと思ったら、「docker container help」などとカテゴリレベルでhelpコマンドを使います。先ほど利用したrunやstopなどが表示されています。

図1-49 **container カテゴリのヘルプを表示**

```
$ docker container help
Usage:  docker container COMMAND
Manage containers
Commands:
  attach       Attach local standard input,...
後略
```

次は実行したいコマンドの使用方法（引数やオプション）の確認です。これにはコマンドに続けて「--help」オプションを指定します。「docker container run」を確認するのであれば「docker container run --help」とします。

図1-50 **docker container run コマンドのヘルプを表示**

```
$ docker container run --help
Usage:  docker container run [OPTIONS] IMAGE [COMMAND] [ARG...]
Run a command in a new container
Options:
     --add-host list               Add a custom host-to-IP mapping (host:ip)
  -a, --attach list                Attach to STDIN, STDOUT or STDERR
後略
```

多くのLinuxコマンドのオプションと同じく、ハイフンが1つのオプションは省略形で、ハイフンが2つのオプションは長い指定となります。どちらを使うかは好み次第ですが、--nameのようにハイフン2つの長い指定しかないオプションがほとんどです。

このhelpの利用法は他のdockerコマンドでも共通ですので、不明点があればhelpコマンドで調べてみてください。

1

Dockerを使ってみよう

◎ コンテナ情報の確認

　コンテナの一覧を得るには「docker container ls」コマンドを使います。このコマンドではベースと
なったイメージ名やコンテナ名に加えて、起動時間や発行したコマンド（長ければ後半が省略される）
を表形式で出力します。利用しているホストポートとのマッピングも表示されるので、サービスを外部
に公開している場合にも確認に便利です。

　出力が長いので行末で折り返してしまっているため、以下の例では行の間に改行を入れています。

図1-51　コンテナの一覧を表示

```
$ docker container ls
CONTAINER ID   IMAGE   COMMAND                 CREATED          STATUS          PORTS
NAMES

3663d000b579   nginx   "nginx -g 'daemon of…"  12 seconds ago   Up 10 seconds   0.0.0.0:8080-
>80/tcp   nginx_container

f6a1f73fa551   nginx   "bash"                  54 minutes ago   Up 54 minutes   80/tcp
lucid_robinson
後略
```

　このコマンドで覚えておくべきオプションは「-a」で、これを指定することで停止しているコンテナ
も含めて表示します。逆にいえば、このオプションを指定しないと停止している（存在している）コン
テナは表示されません。後ほど紹介するコンテナの削除コマンドで「停止しているコンテナ」をチェッ
クするためによく使うオプションです。

　以下の例は、出力を紙面に収めるためにCOMMAND列をカットしています。

図1-52　停止中のコンテナも含めて一覧を表示

```
$ docker container ls -a
CONTAINER ID   IMAGE   CREATED        STATUS                      PORTS    NAMES
中略
269a583a7166   nginx   34 minutes ago Exited (0) 34 minutes ago            magical_boyd
後略
```

　一覧ではなく、特定のコンテナの詳細を確認したい場合は「docker container inspect＜コンテナ名＞」
コマンドを使います。これは一覧では得られない細かい設定が表示されますので、特に次章で紹介する
ネットワークやボリューム（ストレージ）回りのチェックによく利用されます。表示は角カッコ（[]）や
波カッコ（{}）で構造化されたJSON形式となっています。

図1-53 ▶ 特定のコンテナ情報を確認

```
$ docker container inspect nginx_container
[
    {
        "Id": "3663d000b579d8770109a160c80d9db0ab7556f91771509d821bb25a51cc5868",
        "Created": "2019-12-07T00:58:33.4767539Z",
        "Path": "nginx",
```
後略

　最後にコンテナのログの確認方法です。コンテナの標準出力や標準エラー出力（これらは一般的にコンソール出力）はフォアグラウンドであれば画面に表示されますが、バックグラウンドで起動されれば何も出力されません。フォアグラウンドで起動されていようとバックグラウンドで起動されていようと、コンテナの出力はすべて「**docker container logs <コンテナ名>**」コマンドで確認できます。バックグラウンド起動したnginxを起動してブラウザで何度かアクセス（出力を発生させる）してから、ログを確認してください。

図1-54 ▶ コンテナのログを確認

```
$ docker container run -d -p 8090:80 nginx
6e102714486c966adaccd99fa72dd883de1344df4c2dff082b1e83569d81b547

$ docker container logs 6e102714486c
172.17.0.1 - - [07/Dec/2019:12:06:13 +0000] "GET / HTTP/1.1" 304 0 ...
172.17.0.1 - - [07/Dec/2019:12:06:14 +0000] "GET / HTTP/1.1" 304 0 ...
```

　このlogsコマンドで便利な使い方は、バックグラウンドで起動しつつ、必要な場合のみログをずっと出力し続けるという使い方です。ログ出力を「**Ctrl-C**」で停止したとしても、コンテナは稼働し続けます。これはLinuxのtailコマンドの-fオプションとほとんど同じ動きをし、開発中のコンテナや望まれない状況になっているコンテナのログをリアルタイムに確認する目的などで使います。

図1-55 ▶ コンテナのログを継続して表示

```
$ docker container logs -f 6e102714486c
172.17.0.1 - - [07/Dec/2019:12:06:13 +0000] "GET / HTTP/1.1" 304 0 ...
172.17.0.1 - - [07/Dec/2019:12:06:14 +0000] "GET / HTTP/1.1" 304 0 ...
<ここで待ち状態になっており、アクセスするとログが増える>
```

　他には「-t, --timestamps」オプションを使うと、ログをタイムスタンプ付き（各行の頭に付く）で出力できます。Dockerはコンテナの出力をそのままテキスト形式で保存するのではなく、いつ出力されたかといったメタ情報とともに管理しているのでこのような情報も得られます。

最後のコンテナ情報はCPU使用率やメモリ使用率といった統計情報です。「docker container stats」コマンドで動作しているコンテナのリソース利用状況をtopコマンドのようにリアルタイムで確認できます。デフォルトでは統計情報が画面に出力され続けますので、コマンド結果がすぐにほしい場合は「--no-stream」オプションを加えてください。出力が横に長いので紙面の関係でカットしていますが、ネットワークやストレージの利用帯域およびプロセス数なども得られます。

図1-56 ▶ コンテナの統計情報を表示

```
$ docker container stats --no-stream
CONTAINER ID   NAME               CPU %   MEM USAGE / LIMIT     MEM %   NET I/O
6e102714486c   beautiful_goodall  0.00%   2.203MiB / 1.943GiB   0.11%   1.05kB / 0B
```

これらの情報取得系のDockerコマンドの多くは出力フォーマットを指定することができます。フォーマットの形式は「Goテンプレート」と呼ばれるもので、「--format」オプションで指定します。難しいことを考えなければ、table指定のあとに、波カッコ2つの間に表示したい要素を入れたものをタブ区切り（\t）で並べると覚えておけばよいです。

図1-57 ▶ 出力フォーマットを指定

```
$ docker container ls --format='table {{.ID}}\t{{.Names}}\t{{.Ports}}'
CONTAINER ID   NAMES        PORTS
3a1b32aff7dc   mynginx      0.0.0.0:8080->80/tcp
```

inspectコマンドのような構造データに対してもformatオプションを利用することができます。こちらは少々複雑なので本書では割愛しますが、詳しい利用法は公式ドキュメントなどをご参照ください。プログラムで出力結果を利用する場合はフォーマットすることが望ましいですが、人間が確認するのであればgrepすれば十分かもしれません。

◎ コンテナの停止と起動

稼働しているコンテナを停止する手法は2つあります。コンテナ内でPID1のプロセス（最初に起動されたプロセス）を終了させるか、dockerから命令（シグナル）を送ってコンテナを終了させるかです。

前者はある作業をするために立ち上げたコンテナで、その作業が終了したため終了するシナリオが一般的です。バッチ処理などを想像するとわかりやすいかもしれません。たとえばnginxイメージをbashコマンドでコンテナ化した場合に、bash（PID1のプロセス）をexitコマンドで抜ければbashが正常終了してコンテナは停止されます。また、正常終了だけではなくプログラムの問題などで起動時のプ

ロセスが異常終了した場合も、同様にコンテナが停止されます。後者はコンテナを外部から停止する手法です。動いているサーバーやノートPCの電源ボタンを押してシャットダウン処理を走らせたり、電源ボタン長押しでブチ切りするようなものだと思ってください。

　外部からコンテナにシャットダウン処理を走らせるには「**docker container stop** <コンテナ名>」コマンドを利用します。このコマンドを発行すると、プロセスにたいしてSIGTERMシグナルを送って停止依頼をかけます。それで停止されない場合は10秒後にSIGKILLを送ってコンテナを強制停止します。なお、似たコマンドに「**docker stop kill** <コンテナ名>」があり、これは容赦なくコンテナをSIGKILLで即停止します。以下に停止例を記載します。

図1-58 コンテナの停止

```
$ docker container ls
CONTAINER ID   IMAGE   CREATED          STATUS           PORTS                 NAMES
6e102714486c   nginx   39 minutes ago   Up 39 minutes    0.0.0.0:8090->80/tcp  kind_dijkstra

$ docker container stop 6e102714486c
6e102714486c

$ docker container ls -a
CONTAINER ID   IMAGE   CREATED          STATUS                  PORTS   NAMES
6e102714486c   nginx   41 minutes ago   Exited (0) 26 seconds ago       kind_dijkstra
```

　停止されたコンテナを再度利用するには「**docker container start** <コンテナ名>」コマンドを使います。コンテナを作成した際のオプションそのままにコンテナを再度起動しようとします。新規作成ではなく、停止したコンテナの起動ですのでコンテナ上に書き込まれたデータなどは停止前の状態を引き継いでいます。

図1-59 コンテナの起動

```
$ docker container start 6e102714486c
6e102714486c

$ docker container ls
CONTAINER ID   IMAGE   CREATED          STATUS           PORTS                 NAMES
6e102714486c   nginx   49 minutes ago   Up 10 seconds    0.0.0.0:8090->80/tcp  kind_dijkstra
```

　また、「**docker container restart** <コンテナ名>」を使うと、コンテナを再起動します。これも新規作成ではないので、停止前の状態の一部を引き継いでいます。

図1-60 コンテナの再起動

```
$ docker container restart 6e102714486c
6e102714486c

$ docker container ls
CONTAINER ID   IMAGE   CREATED         STATUS          PORTS                 NAMES
6e102714486c   nginx   57 minutes ago  Up 7 seconds    0.0.0.0:8090->80/tcp  kind_dijkstra
```

　これらの停止してから起動をする操作は「使い捨てができる」というコンテナの本質に反する操作ですので、多用する運用方法はあまり推奨されません。停止しても状態を保持する必要があるのであれば、3章で説明するボリューム機能などを使ってデータ永続化を行いつつ、コンテナが不要になれば破棄して新規作成を行うことが望ましいです。

　なお、稼働しているコンテナを全停止したいのであれば「docker container ls -q」コマンドで起動しているコンテナのID一覧を取得し、その値を「docker container stop ID1 ID2...」などとまとめてstopコマンドに渡すとよいです。LinuxやMacであれば2つのコマンドを合体させて「docker container stop $(docker container ls -q)」とできます。

◎ コンテナの破棄

　コンテナを停止しても、そのコンテナは破棄されません。コンテナは破棄しなければホストのストレージ領域を使用し続けますので、それを開放するためにも今後利用しないコンテナは破棄します。また、停止していても同じ名前のコンテナが存在していると同名のコンテナを作れませんので、「--name」オプションを利用する場合はコンテナの破棄が必要となりがちです。

　コンテナの破棄を行うには「**docker container rm <コンテナ名>**」を使います。削除後にinspectで詳細を確認しようとすると、存在しないのでエラーになっています。

図1-61 コンテナの破棄

```
$ docker container ls -a
CONTAINER ID   IMAGE   CREATED         STATUS                  PORTS     NAMES
6e102714486c   nginx   59 minutes ago  Exited (0) 26 seconds ago         kind_dijkstra

$ docker container rm 6e102714486c
6e102714486c

$ docker container inspect 6e102714486c
[]
Error: No such container: 6e102714486c
```

　このrmコマンドには-fオプションが利用でき、これを指定するとコンテナが起動していても強制的に破棄することができます。このオプションがないと起動しているコマンドをrmしようとするとエラーになります。停止してから削除するのが推奨される流れとなりますので、大事なコンテナでは実施しないでください。特にボリュームでデータ永続化していたり、外部のコンテナやサービスに接続している場合は「データを安全に保存する」ためにもこの操作は実施しないでください。

　なお、起動していないコンテナをまとめて削除したい場合は「docker container prune」コマンドを利用するのが簡単です。オプション「-f」を指定すると、消していいですかとプロンプトで確認されずに消せます。

図1-62 ▶ 起動していないコンテナをまとめて破棄

```
$ docker container prune -f
Deleted Containers:
e5a9f86845ce900ceb651a90f6dbb54362fd4a4def990ab2a4503779e17fb7d1
3f93f46c65f295fb57ed17cf809940d502a1744ec5a76baaece058e9cd964c0d

Total reclaimed space: 2B
```

1

Dockerを使ってみよう

Dockerの使いどころを知ろう

Dockerの強みはをアプリの環境そのものをイメージとしてパッケージ化することから生まれます。適切にパッケージ化された環境は他の場所で動かすことが容易ですし、パッケージを作る手順を自動化することで継続的な開発も実現できます。また、コンテナは軽量ですぐに起動できるのでマイクロアーキテクチャを実現しやすくなります。これらの利点を壊さないように使うのがDockerを利用するポイントです。

◎ Dockerイメージはどこでも動かせる

　Dockerのコンテナ利用法をひと通り体験していただいたところで、Dockerを利用すべき理由を確認していきましょう。まず、hello-worldやnginxのイメージからコンテナを展開した際は、すぐにメッセージを表示するアプリやWebサーバーを利用できました。これはイメージ作成者がセットアップを済ませたイメージを、手元の環境でもそのまま利用できているためです。
　一般的な開発の流れでは

- 「複数の開発者の環境でアプリを開発する」
- 「開発したアプリをテスト環境で展開してテストする」
- 「本番環境にアプリを展開する」

　といったようにさまざまな場所で環境を用意してアプリを展開します。この展開作業は手順書にもとづいて実施され、すでに動いている環境でメンテナンスタイムをとって更新することもあります。ただし、ある環境で動いていたアプリを別の場所で展開するという作業は、必ず成功するとも限りません。開発エンジニアは優秀であったとしても、初級エンジニアが構築作業に割り当てられることも多々あります。
　Dockerを使うことで、環境Aで動いていたアプリを環境Bで動かす難易度が下がります。ある環境でアプリをDockerのイメージとしてパッケージ化し、それを別の環境で展開するだけでアプリを動かすことができます。コンテナを動かす基盤（Dockerホスト）と、コンテナに搭載されるアプリの依存関

係を断ち切るというのがDockerの利点です。

図1-63 ▶ 環境に依存しないDocker上のアプリ

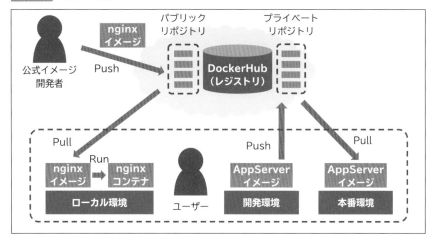

◎ インフラをコード化できる

　多くのアプリは稼働させたら終わりではなく、設定変更やバージョンアップといった作業が必要となります。従来の手法を使ってWebサーバーを更新しようと思えば、前回の作業時の記録を確認した上で同じ構成のテスト環境を作成し、それをアップグレードしてトラブルが起きないかを確認します。特にトラブルなく作業できれば手順書にまとめて、メンテナンスタイムをとった上で本番環境を手順書通りにアップデートします。稼働している環境に歴史が積み重なると変更がどんどん大変になってきます。

　Ansibleなどの「定義書にもとづいてサーバーを構成するツール」を使うと、この作業を「冪等性（べきとうせい）」を持って実施することができます。冪等性は「あるべき状態にする」ための手法で、手順書に比べると簡単です。たとえば冪等性では「nginxがインストールされていること」と定義するのに対し、手順書であれば「nginxがインストールされていなければインストールし、インストールされていれば何もしない」といったように条件に応じて実際の作業が異なる複雑さが生まれます。冪等性は今までの歴史に関わらず、期待された状態にすることができるのです。

　一方、Dockerのコンテナは新規に展開されます。新規に定義された状態を作成されるので、冪等性すら考えず（過去を考慮せず）に期待された状態にできるシンプルさがあります。

　たとえば、Ansibleでnginxのバージョンを上げる場合は「今インストールされているnginxのバージョンを上げる」という変更が発生し、それを冪等性によりユーザーの負担なく実施できます。Dockerでnginxのバージョンを上げる場合は「今使われているnginxのコンテナを破棄し、ほしいバージョンのコンテナを新規に展開する」という作り直しが発生します。

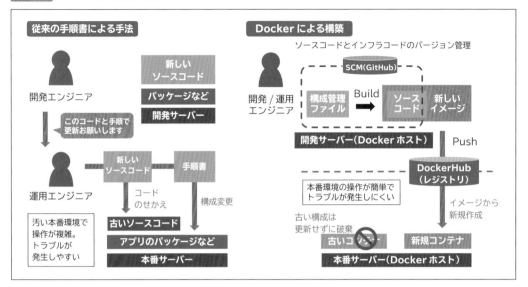

図1-64 アプリ構築手順の比較

従来の手順書による手法

開発エンジニア

新しい
ソースコード

パッケージなど

開発サーバー

このコードと手順で
更新お願いします

運用エンジニア

新しい
ソースコード

手順書

コード
のせかえ

構成変更

汚い本番環境で
操作が複雑。
トラブルが
発生しやすい

古いソースコード

アプリのパッケージなど

本番サーバー

Docker による構築

ソースコードとインフラコードのバージョン管理

開発 / 運用
エンジニア

SCM(GitHub)

構成管理
ファイル

Build

ソース
コード

新しい
イメージ

開発サーバー（Docker ホスト）

Push

DockerHub
（レジストリ）

本番環境の操作が簡単で
トラブルが発生しにくい

古い構成は
更新せずに破棄

イメージから
新規作成

古いコンテナ

新規コンテナ

本番サーバー（Docker ホスト）

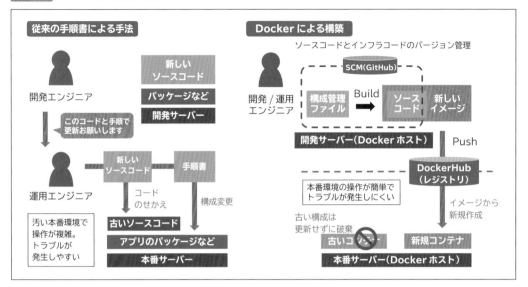

AnsibleやDockerでは手法こそ異なるものの、どちらも「どういう構成を作るか」ということを定義書に記述します。そしてそれをAnsibleは冪等性を保つ形で実現し、Dockerはイメージのビルドやコンテナの展開という形で実現します。定義にもとづいてインフラが構築されるので、こういった手法は「**Infrastructure as a Code**（コードによるインフラ）」と呼ばれます。

◎ アプリを小分けで開発できる

Dockerはアプリを構成する複数のサーバーを、別々のコンテナに分離して動作させることができます。そのため、さまざまなサービスが詰め込まれた巨大で複雑な環境を持つアプリを構築するのではなく、コンテナに小さなアプリを構成する小さなサービスを閉じ込め、それらのコンテナ（サービス）を連携させて大きなアプリを作るという設計ができます。このような設計をマイクロサービスといいます。

図1-65 Dockerを使ったマイクロサービスの実現

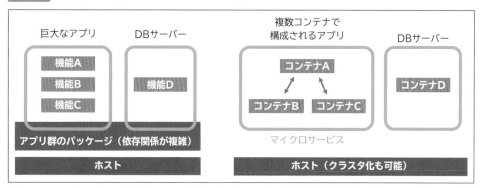

さまざまな機能が詰め込まれた巨大なアプリは開発が進むにつれて変更が難しくなります。ソフトウェアの構成は複雑になって全体像がつかみにくくなっており、なおかつコード内の依存箇所が増えているので容易に変更ができないためです。一方、小さな複数の独立したサービスによりアプリが構築されていると、「外の世界とのつながり」を保ちさえすればサービスに変更を加えても影響は発生しません。つまりプログラミングでいうカプセル化を強いレベルで実現できます。このあたりのメリットは最終章の具体的な開発話にて扱います。

なお、サービスを分離してアプリを作る構成は今までも仮想化技術（ホスト上で複数のOSを仮想マシンとして使う）で利用されてきました。ただ、コンテナは仮想マシンに比べると動作が軽快です。分離が弱いというデメリットが問題になることはあるものの、「すぐに変更して展開できる」というメリットは頻繁にビルドと展開を繰り返す開発時の効率を高めることができます。また、VMレベルの仮想化に比べると仮想化のリソースペナルティーが少ないので躊躇なく分離できるというメリットもあります。

◎ Dockerでやるべきではないこと

以上の「環境のパッケージ化」「インフラのコード化」「サービスの分離」を踏まえて、Dockerを使う上でよくある間違いをアンチパターン（良くない結果となる利用法）として紹介します。あえてお伝えする必要はないかもしれませんが、間違えないように注意することで正しいDockerの利用法を模索してください。

◉ 環境のパッケージ化という観点でのアンチパターン

環境のパッケージ化という観点でのアンチパターンが「特定環境に依存するイメージを作成する」ことです。たとえばコンテナが参照する別サービスのIPを直接イメージに書き込んでしまうと、それを

別の環境に持っていった際にアクセスできずにエラーとなってしまいます。イメージの中身だけでなく構成ファイル自身（Dockerfile, docker-composeファイル）も環境に依存しないようにしてください。

◉ インフラのコード化という観点でのアンチパターン

　インフラのコード化という観点でのアンチパターンは「ブラックボックスなイメージを作る」というものです。Dockerのイメージを使うと毎回環境が新規作成されますので冪等性などを考慮せずに新規にきれいな環境をコンテナとして展開することはできますが、今動いているアプリのバージョンアップ版を作るには今のアプリの設計図が必要です。イメージの作成は手動で作成するのではなく、Dockerfileを使って実施してください。また、イメージを作成した時点のソースコードがなくならないようにGitなどのバージョン管理ツールを利用してください。

◉ サービスの分離という観点からのアンチパターン

　サービスの分離という観点からのアンチパターンは「巨大なアプリを1つのイメージで構築する」というものです。これはそのアプリを他の場所に動かしやすくなるというメリットもありますが、それよりも一枚岩のような設計に依存した開発関係の短所が長期的に足を引っ張るようになります。複数のコンテナから構成されるアプリの展開は、手動であれば難しいもののDocker Composeを使うことで簡単に実現できます。アプリをマイクロサービス化し、小さなコンテナをきちんとテストしてパーツとしての品質を高めてください。

　これらは中上級者向けのトピックであるため現時点では難しいかもしれませんが、要するに「どこでも動いて、わかりやすくて保守しやすい」仕組みのアプリをDockerで構築してくださいということです。これからさまざまなトピックを学ぶ際に、こういった背景を意識すると丸暗記ではなく納得感を持って理解できるかもしれません。

CHAPTER

2

イメージの利用と
開発を体験しよう

SECTION
······
01

Dockerイメージを
使いこなそう

Dockerはコンテナとしてアプリを動かしますが、そのコンテナのベースとなるのがイメージです。
イメージをどのように扱うか把握していないと、正しくコンテナを作成することができません。本
節ではレジストリ上のイメージの検索方法と、イメージのライフサイクルや利用法全般について
扱います。

◎ イメージの使い方の全体像

　イメージの全体像を把握するために、Dockerにおけるイメージの利用法を以下の図にまとめます。
本章と4章（Dockerfile）を学ぶことで図にある操作をひと通り実施できるようになります。

図2-1 イメージの状態遷移図

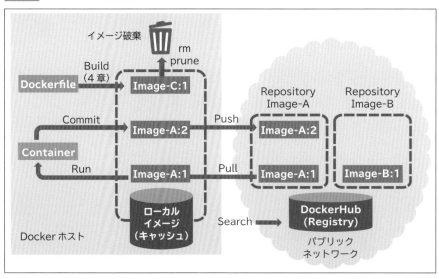

　まず、コンテナとして展開したり自分の独自イメージの開発をするためには、ベースとなるイメージ

を取得する必要があります。普通は0からイメージを作ることはしませんが、その気になればUbuntu
を自作したり、4章で扱うバイナリのみ（OSがない）のイメージの作成もできます。

　ベースとするイメージを見つけるには、dockerの検索機能やWeb検索などを利用します。見つけた
イメージを取得する方法はPull（手動ダウンロード）と、自動取得（必要になった時点でDockerエンジ
ンが自動で取得）があります。そしてダウンロードされたイメージをrunコマンドなどで展開し、コン
テナとして利用します。展開は何度でもできますので、コンテナ化してもイメージはなくなったりしま
せん。

　自分で独自イメージを作成する際は、ダウンロードしたイメージに対して4章で扱うDockerfileで変
更を加えるのが一般的な方法です。ただし、本章の後半では起動したコンテナに対して手動で変更を加
えて、それをcommitコマンドでイメージ化するという方法を学びます。本章の内容は推奨されるイメー
ジ作成方法ではありませんが、Dockerfileの仕組みを理解するための勉強になるので試してみてくださ
い。

◎ イメージを検索する

　DockerHubには公式リポジトリや個人のリポジトリなど、さまざまなイメージが登録されています。
dockerコマンドには「**docker search**」というレジストリを検索するための機能が備わっていますので、
それを使って本章で利用するpythonのイメージを検索してみます。

図2-2 ▶ **docker search**コマンドで検索

```
$ docker search python
NAME            DESCRIPTION                                     STARS  OFFICIAL  AUTOMATED
python          Python is an interpreted, interactive, objec…   4648   [OK]
django          Django is a free web application framework, …   894    [OK]
pypy            PyPy is a fast, compliant alternative implem…   216    [OK]
kaggle/python   Docker image for Python scripts run on Kaggle   129              [OK]
arm32v7/python  Python is an interpreted, interactive, objec…   42
後略
```

　searchに続けて検索キーワードを指定すると、デフォルトでSTARS（人気）順でリポジトリが表示さ
れます。OFFICIALという項目は公式リポジトリであることを意味しており、その横のAUTOMATEDは
「Automated Build」と呼ばれる機能を使ってビルドされていることを示します。

　searchコマンドの検索対象はイメージ名だけでなくDESCRIPTIONも含まれます。そのため、python
という名前が付いたイメージに加えて、pythonのフレームワークであるdjangoリポジトリ（名前に
pythonは含まない）も表示されています。searchにオプション「--no-trunc」を加えると、上記で「…」と
省略されているDESCRIPTIONをすべて表示するので確認できます。

厳密なsearchを行うためには「-f」か「--filter」オプションで条件を細かく指定します。オプションに続けて「key=value」という形式で条件を指定すると、複数のフィルタをかけることができます。以下によく使われる「is-official（オフィシャルリポジトリか否か）」と「starts（スター数が指定の数以上）」の例を示します。他にもフィルタはあるので、公式ドキュメントなどを参照してください。

図2-3 フィルタを使用

```
$ docker search -f "is-official=true" -f "stars=50" python
NAME       DESCRIPTION                                STARS  OFFICIAL   AUTOMATED
python     Python is an interpreted, interactive, objec…  4648   [OK]
django     Django is a free web application framework, …  894    [OK]
pypy       PyPy is a fast, compliant alternative implem…  216    [OK]
```

◎ 同一名のイメージを区別するタグ

リポジトリには複数のイメージが登録されており、それらはタグ（P.34参照）という形で区別されます。たとえばPythonリポジトリには「python:2.7.9」というPython2のイメージもありますし、「python:3.7.5」というPython3のイメージも存在しています。どういったタグが存在しているかを調べるには、DockerHubのWebサイト（https://hub.docker.com/）を利用するのが簡単です。

DockerHubサイト上でリポジトリ名で検索したり、Googleなどで「docker hub python」と検索して直接DockerHubのリポジトリページに飛んだりすることができます。リポジトリのページにはそのイメージの説明や利用方法などに加えて「Tags」というタブがあるので、それをクリックすることでタグ一覧が確認できます。

図2-4 DockerHubのPythonページ

　また、タグはレジストリのAPIで一覧取得をすることができます。出力結果が長めのJSONなので整形しないと読みづらいかもしれませんが、LinuxやMacを使っている場合は以下のようにcurlコマンドやjqコマンド（要インストール）でタグ一覧を出力することもできます。

　以下にPythonリポジトリのタグ一覧を表示するサンプルを記載します。URLの「python」を任意のリポジトリ名に置き換えることで、目的のリポジトリのタグ一覧を得ることができます。筆者はよくコマンドの履歴一覧を改変して任意のリポジトリのタグ一覧を調べています。

図2-5 ▶ **curl を利用してタグ一覧を取得**

```
$ curl -s https://registry.hub.docker.com/v1/repositories/python/tags | jq '.[].name'
"latest"
"2"
"2-alpine"
"2-alpine3.10"
"2-alpine3.4"
"2-alpine3.6"
後略
```

　上記の一覧にもありますが「latest」というタグは特別で、イメージにタグを指定しなかった場合のデフォルトとして使われるタグです。たとえば単純に「python」で検索した場合は「python:latest」というイメージが取得されるはずです。latestタグのイメージは更新されるのが一般的なので、たいていの場合、現時点のlatestと1年後のlatestは異なるバージョンです。前と同じバージョンを使いたい場合は、具体的なタグを指定するようにしてください。たとえば「latest」より「3」のほうが具体的で、それよりも「3.7」や「3.7.5」のほうがより具体的な指定となります。

　なお、latestというタグを持つイメージは、その名前とは裏腹に最新版という保証はありません。そのようにタグが利用されていることが多いですが、それはイメージ作成者次第となります。latestを安定版リリースの最新版とし、edgeを開発版の最新とするといった使い分けをしている場合もあります。厳密にイメージを指定したいのであれば、イメージのバージョンをタグでピンポイントに指定してください。

◎ イメージを Pull して確認する

　イメージは利用されるタイミングで自動でダウンロードされますが、「docker pull」コマンドを使うことで任意のタイミングでイメージのダウンロードができます。一度ダウンロードしたイメージはローカルにキャッシュされるので、2度目以降のPullではダウンロードが発生しません。ただし、同一タグのイメージが更新された場合は新しいイメージが再ダウンロードされます。たとえば「python:latest」の実体が「3.7.4」から「3.7.5」に変更された場合などです。以下の実行例では1度目のPullでイメージを

ダウンロードしたものの、2度目のPullではすでに持っているのでダウンロードしていません。

図2-6 **イメージを2回Pullした場合**

```
$ docker pull python:3.7.5-slim
3.7.5-slim: Pulling from library/python
000eee12ec04: Already exists
中略
495e1cccc7f9: Pull complete
Digest: sha256:59af1bb7fb92ff97c9a23abae23f6beda13a95dbfd8100c7a2f71d150c0dc6e5
Status: Downloaded newer image for python:3.7.5-slim
docker.io/library/python:3.7.5-slim

$ docker pull python:3.7.5-slim
3.7.5-slim: Pulling from library/python
Digest: sha256:59af1bb7fb92ff97c9a23abae23f6beda13a95dbfd8100c7a2f71d150c0dc6e5
Status: Image is up to date for python:3.7.5-slim
docker.io/library/python:3.7.5-slim
```

ローカルに存在するイメージ（ダウンロードされたか作成したか）の一覧は「**docker image ls**」コマンドで確認できます。イメージの実体はIDであり、TAGはそのエイリアスに過ぎません。そのため、同一IDのイメージを2つ以上のタグが共有していることがあります。たとえばPythonのlatestタグと3.7.5タグの実体が同じであるなどです。

図2-7 **ローカルのイメージを検索**

```
$ docker image ls
REPOSITORY            TAG            IMAGE ID        CREATED         SIZE
中略
python                3.7.5-slim     9f4008bf3f11    2 weeks ago     178MB
nginx                 1.17.3         ab56bba91343    7 weeks ago     126MB
後略
```

ローカルに存在するイメージの詳細を知りたい場合は「**docker image inspect ＜イメージ名＞**」コマンドで確認可能です。長いので表示は省略しますが、これを見ることでrunコマンド発行時にコンテナがデフォルトで呼び出すコマンドなどを確認することができます。以下のpythonの例ではデフォルトで呼び出されるコマンドが「python3」コマンドであることがわかります。

図2-8 **イメージの詳細を表示**

```
$ docker image inspect python:3.7.5-slim
[
```

```
{
    "Id": "sha256:9f4008bf3f119728447a7112ff04e016d8eb756158525ffec07c7f2e4e80cf90",
    "RepoTags": [
        "python:3.7.5-slim"
    ],
中略
    "Cmd": [
        "python3"
    ],
後略
```

◎ イメージを削除してみる

　使用しなくなったイメージはDockerホストのストレージ領域を消費します。イメージを削除するには「docker image rm <イメージ名>」コマンドでイメージを指定して削除します。ただし、そのイメージがコンテナ（停止しているものも含む）に利用されていると消せません。以下は、コンテナに使われているイメージを消そうとして失敗し、そのコンテナを削除したあとに消せることを確認した例です。削除メッセージに「Untagged」や「Deleted」などが現れていますが、これはDockerのイメージの構造に起因しています。

図2-9 イメージの削除

```
$ docker image rm hello-world        ←イメージを削除
Error response from daemon: conflict: unable to remove repository reference "hello-world"
(must force) - container f0d977044859 is using its referenced image fce289e99eb9

$ docker container prune -f        ←コンテナを削除
中略

$ docker image rm hello-world        ←再度イメージを削除
Untagged: hello-world:latest
Untagged: hello-world@sha256:4df8ca8a7e309c256d60d7971ea14c27672fc0d10c5f303856d7bc48f8cc
17ff
Deleted: sha256:fce289e99eb9bca977dae136fbe2a82b6b7d4c372474c9235adc1741675f587e
Deleted: sha256:af0b15c8625bb1938f1d7b17081031f649fd14e6b233688eea3c5483994a66a3
```

　他には「docker image prune」コマンドが存在しますが、これはオプションなしだとタグを持たない「dangling」と呼ばれる名前なしイメージ（イメージのビルド時などに作られる）を消すだけです。オプション「-f」を付けると確認せずに名前なしイメージを消します。

2

イメージの利用と開発を体験しよう

図2-10 名前なしイメージの削除

```
$ docker image prune -f
Deleted Images:
deleted: sha256:eadf72014ccad14fe5705e115d79d20bf8b2d50a6bf2ee368efba244bf9f5c07
中略
deleted: sha256:d042133e0242b1be1dcf0299ae3a14589504ffd23826366fcecab02b35595a53
Total reclaimed space: 1.814GB
```

prune コマンドにオプションで「-a」を付けると、コンテナで参照されていないすべてのイメージを消します。キャッシュされているローカルイメージなどもすべて削除されますので、次回利用時にレジストリからのイメージダウンロードが発生します。ディスクスペースの回収をしたい場合以外は全削除は利用しないほうがよいです。

◎ どのDockerレジストリを使うべきか

本書ではレジストリにDockerHubを利用しますが、他にもレジストリの選択肢はあります。

まず、DockerHubには2種類のリポジトリがあります。1つ目は誰でも見られる「パブリックリポジトリ」であり、自分が作ったリポジトリ以外で見えているすべてのリポジトリはパブリックです。もう1つの種類は「プライベートリポジトリ」というものであり、これはリポジトリのオーナーしかアクセスできないリポジトリです。DockerHubのプライベートリポジトリ機能は2個目から有償となります。

DockerHub以外にもGCPやAzure、AWSといったパブリッククラウド上に構築されたメジャーなレジストリが存在しています。特にパブリッククラウドでDockerやKubernetesを利用するシナリオでは、インテグレーションやアクセス速度の観点から同一クラウドのレジストリの導入を検討してよいと思います。これらの多くはパブリックなリポジトリもプライベートなリポジトリも作れます。

他には個人や自組織でレジストリを作成するという選択肢もあります。DockerHub上に公式リポジトリの「registry」としてレジストリを作るためのイメージが公開されていますし、Harborというコンテナベースのレジストリのアプリも有名です。ただし、レジストリはコンテナを使ったインフラ運用の中心となる存在ですので、自分で構築運用する場合は「マシンが壊れたらレジストリが使えなくなる」といった状況にならないように注意してください。ただ、4章で学ぶGitHubなどのSCMできちんとコード管理されていれば、最悪でも過去のものも含めて失ったイメージを再ビルドできます。

仕事でDockerイメージを作成するのであれば、おそらくそのイメージは外部に公開されると困るはずです。そのようなシナリオではDockerHubやクラウドの有償プランでプライベートリポジトリを利用するか、自分の組織内でレジストリを作成してください。

SECTION 02

イメージを作成して
レジストリに登録してみよう

独自アプリをDockerで利用するには、そのイメージを作成することが必要です。Dockerのイメージ作成には4章で学ぶDockerfileを利用することが推奨されています。ただし、ここでは学習のために、手動でコンテナからイメージを作成して、DockerHubにPushします。

◎ イメージ作成から登録までの流れ

本節では、以下の手順でイメージの作成とレジストリへのPush（登録）を実施します。レジストリの自分のリポジトリに登録してしまえば、公式リポジトリのイメージと同じように扱うことができます。Pullも可能ですし、runコマンドでの自動ダウンロードにも対応しています。

1. pythonのイメージからコンテナをbashコマンドを指定して起動する
2. pythonにアプリサーバー用のパッケージであるflaskをインストールする
3. アプリサーバーのコードを手元のPCからコンテナ内にコピーする
4. コンテナでアプリサーバーを起動する
5. コンテナをイメージ化する
6. イメージにユーザー名とタグを加えて改名する
7. 改名したイメージをレジストリに登録する

◎ コンテナを起動してパッケージをインストール

作成するイメージのベースとなるpythonの公式イメージを起動して、自分のイメージの作成作業に移ります。bashコマンドと「-it」オプションを指定して、コンテナにシェルでログインします。そして「pip」コマンドでflaskというPythonのアプリサーバーのモジュールをインストールします。モジュールをインストールすることで、Pythonの機能が拡張されてflaskが利用できるようになります。ここではインストールするflaskのバージョン指定をしていますが、指定しない場合はおそらく最新の安定版

がインストールされます。

図2-11 **flask のインストール**

```
$ docker container run --name base -it -p 8080:80 python:3.7.5-slim bash
root@79e1e29658c0:/# pip install flask==1.1.1
中略
Successfully installed flask-1.1.1
```

　もしコンテナの起動に失敗した場合はメッセージを読んでエラー原因を取り除いてください。よくあるトラブルは同名のコンテナがすでに存在していたり、指定しているホストのポート（今回は8080）がすでに利用されている場合です。他にはインターネットに接続されていなくてイメージやパッケージがダウンロードできない場合も失敗します。余計なコンテナを削除するなりして対応ください。

◎ ホスト（Windowsなど）からコンテナにファイルを送る

　flaskモジュールが利用できるようになったので、ステップ3としてPythonのソースコードをコンテナに取り込みます。本書の開発パートで利用する言語はPythonが多いですが、それはDockerやKubernetesの本質とは関係ありません。ただ、何らかの言語を使わないとアプリサーバーの実装や開発手法の話をできないため、Pythonを例として説明を行います。流れをつかめたと感じたら、実際に利用する言語のコードやフレームワークで再実装すれば理解が一気に進むでしょう。以下に利用するPythonのソースコードを記載します。

リスト2-1 **/chap2/c2img1/server.py**

```
import flask
app = flask.Flask('app server')

@app.route('/')
def index():
  return 'Hello Docker'

app.run(debug=True, host='0.0.0.0', port=80)
```

　上記のソースコードを簡単に説明すると、import文でflaskモジュールを利用する宣言をしたあとで、Flaskのオブジェクト（つまりはアプリサーバー）を作成しています。その後ろでURLの「/」に対して「Hello Docker」というメッセージを返す関数を登録し、最後にサーバーをポート80で起動しています。ホストの「0.0.0.0」という指定はどこからでも接続を受け付けるということで、デバッグモードの指定もTrue（Yes）としています。なお、デバッグモードで起動するとサーバー起動中にソースコードを変更し

たらすぐに反映されます（デバッグモードでなければ変更が反映されません）。

POINT

> 仮想マシン上のDockerホストを利用している場合は、**server.py**などのファイルをホストに転送する必要があります。「`scp -r * root@`ホストのIPアドレス`:~/c2img1`」などで転送してください。

このファイルをホストからコンテナへコピーします。ホストとコンテナ間のファイルコピーは「docker container cp ＜コピー元＞＜コピー先＞」コマンドを使います。コンテナのパスは「コンテナ名:コンテナ内のパス」という形式で指定し、コンテナ名が指定されていなければホストのファイルと認識されます。ホストに「server.py」を作成し、それをコンテナ base（先ほど --name オプションで指定した）のルートディレクトリ（/）にコピーします。今利用しているコンソールはコンテナのbashを表示していると思いますので、別のコンソールを起動してソースコードのあるディレクトリに移動し、以下のコマンドを発行してください。

図2-12 ファイルをコンテナに転送

```
$ ls
server.py

$ docker container cp server.py base:/
```

こうすると、コンテナ内のルートディレクトリにserver.pyというファイルが現れるので、ステップ4としてそれをpythonコマンドで起動します。

図2-13 server.pyを起動

```
root@79e1e29658c0:/# ls /
bin  boot...  server.py...
root@79e1e29658c0:/# python -u /server.py
 * Serving Flask app "app server" (lazy loading)
中略
 * Debug mode: on
 * Running on http://0.0.0.0:80/ (Press CTRL+C to quit)
後略
```

問題なく動作していれば、上記のようなメッセージが表示されてサーバーが起動します。docker container run コマンドの-pオプションで、ホストの8080番ポートへのアクセスをこのコンテナの80番ポートに転送するよう指定したので（図2-11参照）、ブラウザで「http://ホストのIPアドレス:8080」にアクセスすると「Hello Docker」というメッセージが現れます。簡単なアプリサーバーの作成と起動

に成功しました。

　この例ではDockerコマンドの実行元（Windows/Mac/Linux）からコンテナにファイルをコピーしましたが、その逆にコンテナからコマンドの実行元にファイルをコピーすることもできます。下の例ではコンテナのhostsファイル（ドメイン名の登録）をローカルにダウンロードしてきて、その中身をcatコマンドで確認しています。

図2-14　コンテナからファイルを転送

```
$ docker container cp base:/etc/hosts ./
$ cat hosts
127.0.0.1 localhost
::1 localhost ip6-localhost ip6-loopback
fe00::0 ip6-localnet
ff00::0 ip6-mcastprefix
ff02::1 ip6-allnodes
ff02::2 ip6-allrouters
172.17.0.2  79e1e29658c0
```

　Dockerfileを使ったホストからコンテナへのファイル移動以外では、ホストとコンテナの間ではファイルを移動させないのが一般的なDockerの利用法です。特に、今回例として見せたコンテナのログをホストにcpコマンドで持ってくるのは間違った使い方なので、実際は、3章で説明するログ出力先の変更手法を使ってコンテナ内のログを取得しないで済むようにしてください。

◎ コンテナを停止してイメージ化する

　ステップ5として、作成したアプリサーバーのコンテナをイメージ化します。手動によるコンテナのイメージ化には、ベースとなるコンテナの停止が必要です。コンテナのコンソールに入って、起動しているPythonのFlaskサーバーを「Ctrl-C」で終了し、bashでexitコマンドを発行することでコンテナを停止してください。

図2-15　コンテナの停止

```
172.17.0.1 - - [06/Nov/2019 11:01:01] "GET / HTTP/1.1" 200 -
<Ctrl-C 入力>
root@79e1e29658c0:/# exit
exit
```

　コンテナを停止したら、「**docker container commit**＜コンテナ名＞＜イメージ名＞」コマンドを使うことで、指定したコンテナをイメージ化します。イメージ化に成功したら、イメージのハッシュ値が表

示されます。イメージ名としては「2章のイメージ節1つ目のapp」ということで「c2img1_app」を付けています。

図2-16　コンテナのイメージ化

```
$ docker container commit base c2img1_app
sha256:f72b3b08e1fd36dc2dcb4ec2612aa662c97826e2eb750556627bdb6c31bbd7b5
```

　イメージが作成されました。これで「docker image ls」で作成したイメージを確認できますし、そのイメージからコンテナを展開することができます。このイメージからコンテナを展開すれば、pipでのインストールやファイルのコピーをしなくてもアプリサーバーを起動できます。

図2-17　イメージの確認とコンテナ作成

```
$ docker image ls
REPOSITORY                        TAG              IMAGE ID          CREATED
SIZE
c2img1_app                        latest           f72b3b08e1fd      2 minutes
ago        189MB
中略

$ docker container run --rm -p 8080:80 c2img1_app python -u /server.py
 * Serving Flask app "app server" (lazy loading)
中略
 * Running on http://0.0.0.0:80/ (Press CTRL+C to quit)
172.17.0.1 - - [09/Dec/2019 23:06:24] "GET / HTTP/1.1" 200 -
```

◎ イメージの階層構造について

　先ほどの作業では公式のpythonの公式イメージをコンテナ化して、変更を加えた上で新しいイメージを作成しました。この作業の概念図は次の図のようなものとなります。

　Dockerのイメージは複数の「差分」を持つイメージの階層（レイヤー）構造から作られています。Pythonのイメージも一枚岩ではなく小さなイメージの積み重ねで構成されており、たとえば100MBのイメージであれば20MBのレイヤーの上に10MBのレイヤーといった具合で積み重なり、その合計で100MBとなっています。

　この積み重なったレイヤーは差分ファイルと呼ばれるものです。サーバー仮想化やバックアップの世界においては差分ディスク、Linuxでいえばdiffに相当します。実現方法は実装により異なりますが、簡単にいうと「あるデータ（ここではイメージ）を固めてAというファイルにする」「データには変更が発生し続けているので、それをBという別のファイルにまとめる」「AとBを合わせて現在のデータとなる」

065

という仕組みで動いています。

図2-18 イメージのレイヤー

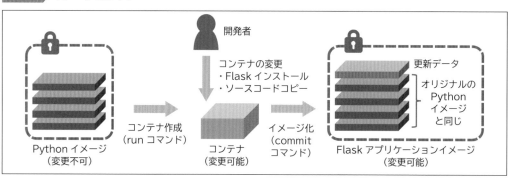

この差分ファイルの面白い点は「Aという状態（レイヤー）を内部的にキープしたまま、上のレイヤーのBを合体させることで現在の状態も持つ」というところです。Aの状態に戻したければBを無視すればよいですし、Aの上にCという別のレイヤーをかぶせることで、別の状態をディスク容量を節約して実現できます。たとえば、差分ファイルの仕組みを使うことで「A（100MB）とB（20MB）で作られるデータ」と「AとC（10MB）で作られるデータ」のデータ使用量を合計「230MB（120MB+110MB）」から「130MB（100MB+20MB+10MB）」へ減らすことができます。

イメージがどのような階層になっているかは、「docker image history <イメージ名>」コマンドで確認できます。

図2-19 イメージのレイヤーを確認

```
$ docker image history c2img1_app
IMAGE            CREATED            CREATED BY
SIZE             COMMENT
f72b3b08e1fd     8 minutes ago      bash
10MB
9f4008bf3f11     2 weeks ago        /bin/sh -c #(nop)  CMD ["python3"]
0B
<missing>        2 weeks ago        /bin/sh -c set -ex;    savedAptMark="$(apt-ma…
7.42MB
中略
<missing>        2 weeks ago        /bin/sh -c #(nop) ADocker Desktop
file:bc8179c87c8dbb3d9…    69.2MB
```

先ほど作成したイメージ（f72b3b08e1fd）は、その下にPythonのイメージ（9f4008bf3f11）があり、そのPythonイメージも複数のレイヤーで構成されています。一番上に、先ほどbashで作成したレイヤーがかぶせられています。なお、missingやnoneというイメージ名は、名前を失ったイメージや一時的

なイメージなので無視してかまいません。

◎ イメージにタグ付けする

　イメージのPushを行うために、先ほど作成したイメージ名を改名します。現在の「c2img1_app」はローカルでは利用できる名前ですが、DockerHubレジストリに登録するには「ユーザー名/イメージ名:タグ名」という形式にしなければなりません。タグ名は省略すればデフォルトの「latest」となりますが、イメージのバージョン管理をするため任意の一貫性を持つタグ名を付けることが望ましいです。イメージにログインしているユーザー名を指定しなければ、権限エラーで登録に失敗します。

　イメージ名とタグの変更には、「**docker image tag** <元の名前> <新しい名前>」コマンドを使います。オリジナルのイメージ名は削除されずに残ります。以下ではタグなしのイメージ（latestタグ）とバージョンを指定したイメージを作成しています。lsコマンドの出力のIMAGE IDを見るとわかりますが、tagコマンドで作成したイメージの実体（f72b3b08e1fd）はすべて同じです。

図2-20 イメージにタグを追加

```
$ docker image tag c2img1_app yuichi110/c2img1_app
$ docker image tag c2img1_app yuichi110/c2img1_app:v1.0

$ docker image ls
REPOSITORY              TAG        IMAGE ID        CREATED          SIZE
c2img1_app              latest     f72b3b08e1fd    35 minutes ago   189MB
yuichi110/c2img1_app    latest     f72b3b08e1fd    35 minutes ago   189MB
yuichi110/c2img1_app    v1.0       f72b3b08e1fd    35 minutes ago   189MB
後略
```

　新しいイメージに既存のイメージ名を与えた場合は、そのイメージ名が参照するものが更新されます。たとえば、将来作成する更新版のイメージに「yuichi110/c2img1_app:latest」という名前と、「yuichi110/c2img1_app:v2.0」という名前を与えたとしましょう。その場合は「yuichi110/c2img1_app:v1.0」が参照するイメージは昔のままですが、「yuichi110/c2img1_app:latest」が参照するイメージはv1.0からv2.0のイメージに更新されます。つまり「昔と同じ名前を持つイメージの実体が昔と同じ」という保証はないということです。

　イメージ名をどう使うかはリポジトリ次第なので保証はできませんが、一般的には「latest」はどんどん新しいバージョンに更新されていくので、厳密にどういったイメージが利用されるか不明です。一方、バージョンを指定しているイメージは実体が変更されることがありません。たとえば、Pythonのlatestタグのイメージはどんどん新しくなるでしょうが、3.7.5タグのイメージは3.7.6が出ても実体は3.7.5のままであることが期待されます。サンプルアプリなど以外ではイメージ名はバージョン指定したもの

を選ぶべきでしょう。

◎ レジストリ（DockerHub）へのPush

　名前とタグを指定したイメージを作成できましたので、これをレジストリであるDockerHubに登録します。登録にはDockerHubへのログインが必要なので、先に「**docker login**」コマンドでログインしておきます。ログインした状態で「**docker image push <イメージ名>**」コマンドを使えば、まだ存在しない名前のイメージであれば新規にリポジトリが作成されてアップロードされますし、すでにリポジトリが存在していれば新しいタグのイメージがリポジトリに追加されます。

図2-21 ▶ レジストリへのPush

```
$ docker login
Authenticating with existing credentials...
Login Succeeded

$ docker image push yuichi110/c2img1_app:v1.0
The push refers to repository [docker.io/yuichi110/c2img1_app]
48e05f81033f: Pushed
36c21e895230: Mounted from library/python
870ea4318145: Mounted from library/python
ca56b6fe98b7: Mounted from library/python
459d9d53a256: Mounted from library/python
831c5620387f: Mounted from library/python
v1.0: digest: sha256:9c2424e43653afe93f746fe27dec8218779a4ca2430a4591bfa430ed747adeb3
size: 1581

$ docker image push yuichi110/c2img1_app:latest
The push refers to repository [docker.io/yuichi110/c2img1_app]
48e05f81033f: Layer already exists
中略
latest: digest: sha256:9c2424e43653afe93f746fe27dec8218779a4ca2430a4591bfa430ed747adeb3
size: 1581
```

　タグv1.0のPushのログを見るとわかるのですが、先ほど説明したイメージのレイヤーの仕組みにより、アップロードされたのはベースとなった**python**のイメージからの差分のみとなっています。Pythonのイメージのレイヤー自体は「Mounted...」と出力されて、他のリポジトリから拝借している旨のメッセージが出ています。そして次のPushでタグlatestを登録していますが、同一リポジトリにすでに実体が同一であるタグv1.0イメージが存在するため、アップロードはされていません。

　これでDocker Hub上にタグlatest（今後更新される可能性大）と、タグv1.0（これが置き換えられる

可能性はないことが望ましい）が公開されました。アップロードしたイメージは Pull や Search（反映に時間がかかる場合あります）で探せるので、他の Docker ホストでもこのイメージが使えます。

Push したイメージは DockerHub の Web サイトにも表示されますので、アクセスして自分のユーザー名などで検索してみてください。Push してから少し時間が経たないと出現しないかもしれません。

なお、レジストリに Push する代わりに、イメージをファイルとして保存して運用することもできますが、一般的ではありません。外部に依存したイメージの運用をできない／したくない場合は、プライベートレジストリの作成を検討してください。

◎ DockerHub 上のイメージを削除するには

ローカルにあるイメージは rm やリポジトリで削除できますが、DockerHub 上のイメージは残り続けます。これを消すにはブラウザで DockerHub のページに行き、自分のユーザー名で検索を行います。そうすると自分のリポジトリ一覧が得られるので、そこで消したいイメージを持つリポジトリを選択してリポジトリページへ移動します。特定のタグを持つリポジトリを消したい場合は「Tags」から消したいタグをいくつか選択し、アクションからデリートを選択します。リポジトリごとまとめて消したい場合は「Settings」ページからリポジトリの削除ボタンで実施します。

「Settings」ページからリポジトリをパブリック（公開設定／無料）にするか、プライベート（非公開設定／有料）にするかも選択できます。

図2-22 ▶ **DockerHub で自分のリポジトリを確認する**

イメージの利用と開発を体験しよう

2

SECTION
·····
03
どこでも使える
イメージを作ろう

イメージはさまざまな環境で利用されます。さまざまなシナリオで利用できるようにするために、イメージには汎用性を持たせて環境ごとの差分を吸収できるようにすべきです。その代表的な手法が環境変数です。ここでは環境変数を利用し、環境に合わせて設定を変更できるWebアプリを構築してみましょう。

◎ 構築するWebアプリの構成

Dockerのイメージは作成した環境だけではなく、それをPullした他の環境でも利用されます。
つまりDockerのイメージはどこでも動くように設計されている必要があります。本節では2階層の Webアプリの構築を題材にして、汎用性のあるイメージの作り方について学びます。
　このアプリは前面にWebサーバーとしてnginxを配置し、後ろにアプリサーバーのFlaskを配置します。 nginxはWebサーバーとして利用してきたサービスですが、ここでは「リバースプロキシー」としてユーザーからのアクセスをアプリサーバーに転送する目的で使います。以下に構成図を記載します。

図2-23 アプリ構成図

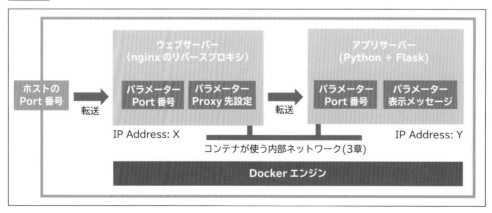

リバースプロキシーはロードバランサーの一種で、クライアントからのアクセスを別のサーバーに転送する役割を果たします。複数のアプリサーバーに対してアクセスを振り分けてアプリ側の負荷分散を行ったり、アクセスのURLなどを基準にして通信をさまざまな種類のアプリサーバーに振り分けたりすることもできます。裏側のサーバーからのレスポンスをキャッシュしてシステム本体に対する負荷軽減をしたり、HTTPSをHTTPに変換するオフロードという処理もよく利用されます。

本章ではリバースプロキシー機能のみを使いますが、5章では「HTMLで表示するページはWebサーバー機能で配信して、APIへのリクエストは裏のアプリサーバーにリバースプロキシー機能で流す」というもう少し複雑な使い方をします。このリバースプロキシーで変更可能な点は、アクセスの転送先と待ち受けポートとします。

リバースプロキシーであるnginxの後ろに、PythonのFlaskで作成したアプリサーバーを配置します。このアプリは先ほどの「Hello Docker」というメッセージを返すものとほとんど同じですが、返すメッセージやアプリのポート番号を変更できるものとします。

なお、このアプリの開発は現時点までで学んだ知識で行うため、ベストな方法ではありません。本来はDockerfileとDocker Compose（4、5章参照）を利用して開発を行うべきです。

◎ 環境変数を使ったイメージのパラメーター

コンテナは外の世界と関わりを持ちます。他のコンテナに接続するのであれば、そのコンテナのホスト名やポートを指定して接続する必要があります。また、外部のサービス（たとえばオブジェクトストレージなど）を利用するコンテナは、サービスに接続するアカウント情報も必要になるでしょう。これらのパラメーターをイメージに直接埋め込むことでアプリを構築することも可能です。ただ、パラメーターが変わるたびにイメージを作り直す必要があるため、コンテナを起動するコストが大きくなりますし、イメージの設計などを細かく覚えていないと設定変更ができなくなってしまいます。

イメージを起動したあとに手動でパラメーターをコンテナに設定してもよいのですが、Linux やWindowsが持つ「環境変数」という機能を使ったほうがシンプルです。環境変数はシステムやアプリのパラメーターを設定するものであり、「キーとバリュー」の形式で管理されています。

今回作成するアプリでは、次の設定を環境変数で指定します。

図2-24 今回のサンプルでの環境変数の利用

アプリサーバー	リバースプロキシー
・表示するメッセージ ・ポート番号	・アプリサーバーのアドレス ・待ち受けポート

◎ アプリで環境変数を利用する

　背面のアプリサーバーを起動させないと、リバースプロキシーはフォワードすべきアドレスを特定できません。先にPythonのFlaskを使ったアプリサーバーを作成します。PythonのFlaskのように自分でプログラムを書ける場合であれば、環境変数の利用はプログラムとして実現できます。凝ったことはせずにプログラム内で環境変数を参照して、それを使えばよいのです。

　環境変数の利用法はプログラミング言語により異なりますが、Pythonではosモジュールのenviron変数を使うことが一般的です。以下のコードの2、3行目が環境変数を取得する例です。「os.environ['MESSAGE']」で環境変数MESSAGEの値を読み取り、それを定数（変わらない変数）のMESSAGEに代入しています。環境変数は文字列として取得されるので、次の環境変数PORTの値はint関数で整数に変換して定数に代入しています。

リスト2-2 ▶ /chap2/c2env1_app/server.py

```
import os, flask
MESSAGE = os.environ['MESSAGE']
PORT = int(os.environ['PORT'])

app = flask.Flask('c2env1_app')
@app.route('/')
def index():
  return MESSAGE
app.run(debug=True, host='0.0.0.0', port=PORT)
```

　ここでは環境変数の取得と定数への代入を、プログラムの冒頭にまとめています。こうしておけば、プログラムの起動時にエラーという形で問題が判明するため、エラーで停止するリスクを減らせます。

POINT

　環境変数が設定されていない場合に使用するデフォルト値を、プログラムの中に埋め込むことはおすすめしません。4章で学ぶDockerfileで環境変数のデフォルト値を設定できるので、そこで指定するようにしてください。ユーザーはコードは読まなくてもDockerfileを読むことは多いのです。

　このプログラムを本章前半とほぼ同じ流れでイメージ化します。ベースとなるpythonのイメージを「tail -f /dev/null」コマンド起動して、何もしないコンテナを作成します。そして、コンテナのbashに入るのではなくexecコマンドで操作してモジュールのインストールを行い、cpコマンドでソースコードをコピーし、停止してからイメージ化しています。

図2-25 コンテナの作成からイメージの作成まで

```
$ ls
server.py
$ docker container run --name c2env1_app_base -d python:3.7.5-slim tail -f /dev/null
$ docker container exec c2env1_app_base pip install flask==1.1.1
$ docker container cp server.py c2env1_app_base:/
$ docker container stop c2env1_app_base
$ docker container commit c2env1_app_base c2env1_app
```

　コンテナ起動時に指定している「**tail -f /dev/null**」コマンドは、Linuxの tail コマンドで何も書かれることのないスペシャルファイルの「/dev/null」の更新を標準出力させています。要するに「コンテナを終了させないために、発生することのない仕事を永遠にさせている」のです。Docker や Kubernetes でよく使われる手法なので覚えておいてください。

　作成したイメージ c2env1_app からコンテナを環境変数付きで起動します。コンテナの起動時に、以下のように環境変数をオプションとして与えると、コンテナ内部でその環境変数を利用できます。

図2-26 環境変数付きで起動

```
$ docker container run --name c2env1_app -p 8081:80 -d \
    -e MESSAGE="Hello Docker Env" -e PORT=80          \
    c2env1_app python -u /server.py
d9fed70f2a5c84cafe1346543874f13f40fc897040d0d9a73928f7647b33156b
```

　起動したら、ブラウザでアクセスをしてページがきちんと表示されることを確認してください。表示されるメッセージからプログラム内部で環境変数を読み取り、それを利用していることがわかります。また、-p オプションで設定した外部ポートと内部ポートのマッピングでサーバーにつながるということは、アプリサーバーのポート番号も環境変数で設定したものが利用されているということです。ブラウザでアクセスできない場合はコンテナが起動しているかを確認し、異常停止していたらコンテナのログから原因を特定してください（P.43参照）。

図2-27 アプリに接続

　なお、環境変数はコンテナ起動後には変更できません。stop して start する際に違う環境変数をセットすることもできないので、変更したければイメージから新しいコンテナを作り直す必要があります。

◎ 環境変数を使って設定ファイルを作成する

　公式のnginxイメージの設定ファイルは/etc/nginx/nginx.confにあり、その設定はWebサーバー向けとなっています。この設定ファイルをリバースプロキシー用に変更することで、nginxをリバースプロキシーとして利用することができるようになります。

　PythonのFlaskのコードと同じようにnginxの設定ファイル内で環境変数を利用して、「address: $APP_SERVER」などとして環境変数の宛先に転送できれば簡単なのですが、残念ながら一般的なnginxはそういった機能は持っていません（perlやluaモジュールを組み込めば環境変数を取り込めます）。このようなシナリオでは「設定ファイルのテンプレートを用意し、それから環境変数の値を埋め込んだ設定ファイルを作成してサービスを起動する」という力技で解決することがよくあります。

　テンプレートへの環境変数の埋め込み手法はいくつかありますが、ほとんどのLinuxで最初から組み込まれている「**sed**」コマンドを使う手法が比較的シンプルです。sedは引数で「s/オリジナル文字列/変更後の文字列/g」としてテキストをどのように置き換えるかを定義します。たとえばリバースプロキシーの設定のテンプレートとして以下のファイルを用意します。

リスト2-3 **/chap2/c2env2_web/nginx.tpl**

```
events{
  worker_connections 1024;
}
http{
  server{
    server_name localhost;
    listen {{PORT}};
    proxy_set_header Host $host;
    proxy_set_header X-Real-IP $remote_addr;
    proxy_set_header X-Forwarded-Host $host;
    proxy_set_header X-Forwarded-Server $host;
    proxy_set_header X-Forwarded-For $proxy_add_x_forwarded_for;
    location / {
        proxy_pass {{APP_SERVER}};
    }
  }
}
```

　テンプレートで置き換えられる要素は「{{PORT}}」と「{{APP_SERVER}}」となります。sedの文法ではありませんが、波カッコ2つで置き換え部分を表す「マスタッシュ記法」は、テンプレートでよく使われる構文です。見た目にもわかりやすく、この構文を知っている人はここが置き換えられると一瞬で把握できるメリットがあります。

このテンプレートから実際の設定ファイルを生成して、nginxを立ち上げるスクリプト（start.sh）は以下となります。

リスト2-4 **/chap2/c2env2_web/start.sh**

```
#!/bin/sh
sed -e "s/{{PORT}}/$PORT/g" /etc/nginx/nginx.tpl > /etc/nginx/nginx.conf
sed -i -e "s^{{APP_SERVER}}^$APP_SERVER^g" /etc/nginx/nginx.conf
exec nginx -g "daemon off;"
```

このシェルスクリプトでは、sedコマンドを使って/etc/nginx/nginx.tplの中にある「{{PORT}}」を「$PORT(環境変数の値に置き換えられる)」に置き換え、それを/etc/nginx/nginx.confとして書き出します。環境変数PORTに80が設定されていれば、「s/{{PORT}}/80/g」と解釈されます。

次にsed -iで書き出されたファイルの「{{APP_SERVER}}」を「$APP_SERVER」に上書きします。sedコマンドの区切り文字を一般的な/ではなく^に変更しているのは、/だとURLに使われているスラッシュ記号と衝突するためです。たとえば環境変数APP_SERVERに「http://172.17.0.2:80」が設定されていれば「s^{{APP_SERVER}}^http://172.17.0.2:80^g」と解釈されます。

ファイルの準備が整いましたので、イメージの作成作業に移ります。アプリサーバーの作成時とほとんど同じで、ベースとなるイメージで何もしないコンテナを立ち上げて、そこにファイル群をコピーして、chmodコマンドでスクリプトに実行権限を与えています。そしてコンテナを停止してからイメージ化しています。

図2-28 **イメージの作成**

```
$ ls
nginx.tpl start.sh
$ docker container run --name c2env1_web_base -d nginx:1.17.6-alpine tail -f /dev/null
$ docker container cp start.sh c2env1_web_base:/
$ docker container exec c2env1_web_base chmod +x /start.sh
$ docker container cp nginx.tpl c2env1_web_base:/etc/nginx/
$ docker container stop c2env1_web_base
$ docker container commit c2env1_web_base c2env1_web
```

ここでは「exec nginx -g "daemon off;"」コマンドで、nginxをフロントプロセスとして起動しているので、リバースプロキシーとして動作します。sedコマンドに失敗して設定ファイルとして問題があれば、ここでnginxの立ち上げに失敗します。エラーが発生していた場合はコンテナのログから設定ファイルの問題を特定してください。なお、nginxのプロセスを立ち上げためにはexecを付けずに「nginx -g "daemon off;"」としても起動できます。execを付ける理由については4章のDockerfileにて扱いますが、ひとことでいってしまうと「シェルスクリプトが持つPID1をnginxに引き継がせるため」です。

これで環境変数PORTとAPP_SERVERを使えるnginxのリバースプロキシーのイメージが作成できま

2

イメージの利用と開発を体験しよう

した。プロキシー先となるアプリサーバーのIPを確認した上で、リバースプロキシーのコンテナを立ち上げます。このIPは私の環境のアプリサーバーのIPですので、実際に発行するコマンドの値はみなさんの環境で確認できたものに置き換えてください。

図2-29 イメージの作成

```
$ docker container exec c2env1_app hostname -i
172.17.0.2

$ docker container run --name c2env1_web -p 8080:80 -d \
    -e APP_SERVER="http://172.17.0.2:80" -e PORT=80     \
    c2env1_web /start.sh
```

問題なくコンテナが立ち上がっていたら、マッピングしたローカルホストのポート番号8080にアクセスをします。正常に動作していれば、リバースプロキシー機能で通信がアプリサーバーに転送されますので、アプリサーバーの表示が確認できるはずです。

図2-30 リバースプロキシー経由でアプリに接続

◎ 環境変数ファイルを利用する

run時の「-e」オプションでコンテナの環境変数を設定しましたが、数が増えてくると指定が大変になってきます。その際は「--env-file ファイル名」とすることで、ファイルに書かれた環境変数をまとめて設定することもできます。

環境変数ファイルは、Dockerに限らずよく利用される「.env」記法で書きます。単純に上から下に順番に「環境変数=環境変数の値」を並べていくだけです。先ほどの-eオプションと同等の内容が書かれた「.env」ファイルを作成しましょう。ファイル名は何でもよいですが、慣習的に.envとすることが多いです。

リスト2-5 /chap2/c2env2_web/.env

```
APP_SERVER="http://172.17.0.2:80"
PORT=80
```

POINT

ファイル名の先頭にドットが付くファイルは隠しファイルとして扱われ、**GUI**で表示されない場合があるので注意してください。また、アプリサーバーの**IP**アドレスはご自身の環境のものに合わせてください。

　先ほど立ち上げたWebサーバーを停止して削除し（アプリサーバーは起動したままにします）、この.envファイルを使ったコンテナを立ち上げます。正常に起動していれば、Webサーバーはリバースプロキシー機能でアプリサーバーにフォワードできるはずです。

図2-31 **.env ファイルを使ってコンテナを起動**

```
$ docker container stop c2env1_web
$ docker container rm c2env1_web
$ docker container run --name c2env1_web -p 8080:80 -d \
    --env-file .env c2env1_web /start.sh
8e79f9c83bcfb241f4c287eb6a2f386edd788dd0882a7b20d3756ff045f1bd84
```

COLUMN │ **DockerとKubernetes の差分について**

　詳しくはKubernetes（K8s）の章で扱いますが、DockerとK8sはコンテナの使い方が少し異なります。Dockerはコンテナが独立してコンテナ間をネットワークで接続するのに対して、K8sはコンテナを「ポッド」と呼ばれる集合体に格納します。ポッド間の接続はネットワーク経由ですが、ポッド内のコンテナはネットワークなどを共有しています。以下に違いを図示します。

図2-32 **DockerとKubernetes のコンテナの違い**

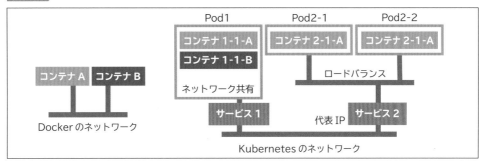

　大きく異なる点はネットワークなので、コンテナのサービスが「どのホストのどのポートに接続するか」は環境変数で調整できるようにすべきでしょう。

2

イメージの利用と開発を体験しよう

Ansibleを使って
Dockerホストを構築しよう

ここまではDocker Desktopもしくは、Dockerホスト上から自分自身に対しての操作を解説してきました。ここでは複数のDockerホストを用意する方法を学びます。Ansibleを利用すると、複数台のDockerホストでも自動的に構築できます。

◎ リモートのDockerホストを使う

これまでのdockerの利用はDocker Desktopもしくは、Dockerホスト上から自分自身に対しての操作となりました。つまりDockerクライアント（dockerコマンド）が、同じホストにいるDockerエンジン（サーバーサイド）に対して命令を出して操作をしていたということです。これとほとんど同じようにホストA上のDockerクライアントが、ホストBのDockerエンジンをネットワーク越しに操作することができます。つまりdockerコマンドを別のサーバーに対して実施するということです。

dockerコマンドを使ってリモートのdockerホストを操作するには、SSHを利用するのが一般的です。docker自体のセキュリティの仕組みではなく、SSHのセキュリティ（認証）を使うことで、決められたユーザーのみが外部からDockerホストを操作することができます。DockerのSSH利用は鍵（公開鍵暗号）を使った認証を利用します。適切に接続元／先で鍵の設定をすれば、リモートへの接続をパスワードなしで行えるようになります。以下に必要な設定を図にまとめます。

図2-33 ▶ リモートのDockerホストの利用

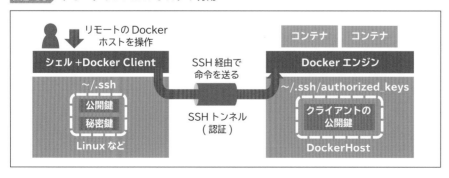

公開鍵と秘密鍵はペアとなる鍵で、名前の通り公開鍵は外部に公開可能で、秘密鍵はマシン内で大切に保管します。仕組みを説明すると長くなるため割愛しますが、接続されるホストは接続元の公開鍵（id_rsa.pub）をSSHフォルダの「authorized_keys」に登録しておくと、対応する秘密鍵（id_rsa）を持つホストからの接続はパスワードなしで行えるようになります。

◉ SSHの鍵を登録する

ここではLinux-A（Dockerクライアント）のrootユーザーが、Linux-B（Dockerホスト）にrootユーザーとしてに接続するというシナリオで設定を行います。Hyper-VまたはVirtualBoxでCentOS7をインストールした仮想マシンを3つ作成（複製）してから読み進めてください（P.26参照）。

最初にLinux-Aで鍵を生成します。生成するファイル名が聞かれますが、デフォルトのパスに鍵を作成しますのでそのまま Enter キーを押してください。

図2-34 ▶ Dockerクライアント側で鍵を生成

```
# ssh-keygen -t rsa -m PEM -q -N ""
Enter file in which to save the key (/root/.ssh/id_rsa):

# ls ~/.ssh/
id_rsa  id_rsa.pub  known_hosts
```

次に接続先のホスト（Linux-B）に対して鍵の登録を行います。手動で登録すると面倒なのでLinux-AからLinux-Bに対して「ssh-copy-id」コマンドで設定します。パスワード認証にパスすれば、自分の公開鍵が相手のauthorized_keysに登録されて、次回からは鍵認証（パスワードなし）でログインできるようになります。

図2-35 ▶ Dockerホストに鍵を登録

```
# ssh-copy-id root@10.149.245.208
/usr/bin/ssh-copy-id: INFO: Source of key(s) to be installed: "/root/.ssh/id_rsa.pub"
/usr/bin/ssh-copy-id: INFO: attempting to log in with the new key(s), to filter out any
that are already installed
/usr/bin/ssh-copy-id: INFO: 1 key(s) remain to be installed -- if you are prompted now it
is to install the new keys
root@10.149.245.208's password: <Password入力>
Number of key(s) added: 1
Now try logging into the machine, with:   "ssh '10.149.245.208'"
and check to make sure that only the key(s) you wanted were added.

# ssh root@10.149.245.208
Last login: Wed Dec 11 16:53:05 2019
```

```
[root@localhost ~]# exit
```

なお、接続元のホスト（Linux-A）が接続先のホスト（Linux-B）に過去に接続したことがなければ、「Are you sure you want to continue connecting (yes/no)?」と聞かれるのでyesと回答してください。

POINT -

sshコマンドで接続したホストは、known_hostsというファイルに記録され、次回から接続時の確認が不要になります。ただし、ホストのIPアドレスが変更された場合は、再度ssh接続してknown_hostsを更新しないと、Ansibleなどでの自動接続が失敗することがあります。

- -

SSHで鍵認証できることが確認できたので、dockerコマンドで接続できるかチェックします。リモートのdockerホストに接続するには「**docker -H ssh://<ユーザー名>@<ホスト> <コマンド>**」という書式を使います。きちんとリモートが動いていることを確認した上で、versionコマンドでサーバー（Engine）のバージョンが表示されるか確認してください。SSHに失敗していればEngineのバージョン表示に失敗します。

図2-36 **Dockerホストへの接続**

```
# docker -H ssh://root@10.149.245.208 version
Client: Docker Engine - Community
 Version:           19.03.5
中略
Server: Docker Engine - Community
 Engine:
  Version:          19.03.5
後略
```

本書で紹介するAnsibleを使ったDockerホストとKubernetesの導入では、すでに鍵を登録したホストを展開するので上記手順は不要です。

◎ AnsibleでDockerホストを作成しよう

何度もDockerホスト環境をセットアップするコストは小さくありません。とはいえ、ホストを作る手間を惜しんで使い回し続けると、環境がどんどん汚れていきます。こういった状況を防ぐために、構成管理ツールのAnsibleを使ってDockerホストを構築する手法を紹介します。Ansibleを使うことで、「Playbook」と呼ばれる構成ファイルに定義された通りにホストを構成します。Playbookの定義はどの

ホストに対しても適用できますので、定義ファイルを作成してしまえば好きなだけ同じ構成を作れます。

6章のCI/CDパイプライン構築では、3台のDockerホスト（Jenkins用、ビルド用、本番用）の構築にAnsibleを利用します。ここではそのシナリオに合わせて、以下の手順でホスト群をセットアップします。

1. ホストA（本書では10.149.245.110とする）にAnsibleをインストール
2. 本書が提供するPlaybookをホストA上に準備する
3. ホストAの鍵を提供された鍵に上書きする（あとで鍵認証をできるようにするため）
4. ホストAがホストA自身に対してPlaybookを適用してDockerホスト化
5. ホストAがホストB（本書では10.149.245.115とする）とホストC（本書では10.149.245.116とする）に対してPlaybookを適用してDockerホスト化

最初のステップとして新規に作成されたCentOS7のホストAに対してAnsibleをインストールします。rootでログインして、以下の手順に沿ってインストールを実施してください。ansibleに加えてあとで使うunzipもまとめてyumでインストールしています。インストールができていれば、ansibleコマンドが使えるようになります。

図2-37 ▶ Ansible のインストール

```
# yum -y install epel-release
# yum -y install ansible unzip
# ansible --version
ansible 2.9.1
  config file = /etc/ansible/ansible.cfg
  configured module search path = [u'/root/.ansible/plugins/modules', u'/usr/share/
ansible/plugins/modules']
  ansible python module location = /usr/lib/python2.7/site-packages/ansible
  executable location = /usr/bin/ansible
  python version = 2.7.5 (default, Apr 11 2018, 07:36:10) [GCC 4.8.5 20150623 (Red Hat
4.8.5-28)]
```

次にAnsibleが使うセットアップの定義書を用意します。Ansibleの定義書はPlayBookと呼ばれており、YAML形式（DocerComposeでも使うのでそちらで解説）で定義されます。本書のサンプルファイルの「/chap2/ansible/docker-host」ディレクトリの中に、Ansibleで自動設定を行うのに必要なPlaybook（pb_centos7.yml）と、設定されるホスト（ホストA、B、C）にコピーされるファイル（SSHの公開鍵と秘密鍵）があります。この鍵はAnsibleを呼び出す側（ホストA）でも利用するので、3番目のステップとしてホストAのホームディレクトリの.sshディレクトリ（SSHの鍵が配置される）にコピーして適切な読み書き権限を設定します。なお、4つめのssh_configというファイルはホストにコピーされるssh接続のための設定ファイルです。ホストに「.ssh/config」としてコピーされます。

図2-38 定義ファイルの作成

```
# ls
id_rsa  id_rsa.pub  pb_centos7.yml  ssh_config

# mkdir -p ~/.ssh
# cp id_rsa* ~/.ssh
# chmod 0600 ~/.ssh/id_rsa
# chmod 0644 ~/.ssh/id_rsa.pub
```

　次に4番目のステップとしてホストAでPlaybookを自分自身に対して適用し、Dockerホスト化します。Ansibleを利用するには対象ホストに鍵認証でログインできる必要があるので、ssh-copy-idコマンドで鍵を自分自身に対して登録します。鍵登録が完了したら「ansible-playbook -i <ホストのIP>, <Playbookファイル>」という書式でホストを適用します。IPのあとにカンマを入れるのを忘れないようにしてください。

図2-39 定義ファイルの適用

```
# ssh-copy-id 127.0.0.1
中略

# ansible-playbook -i 127.0.0.1, ./pb_centos7.yml
PLAY [all] **********************
中略

TASK [Start/Enable docker] ******
changed: [127.0.0.1]

PLAY RECAP **********************
127.0.0.1  : ok=13  changed=9  unreachable=0  failed=0  skipped=0  rescued=0  ignored=0
```

　ずらずらと設定が施されるログが出力されていき、成功すれば最後まで設定が実行されます。途中で失敗したらfailedとなり、残りのステップがスキップされます。AnsibleのPlaybookによる設定に成功すれば、このマシンはDockerホストとなっています。

図2-40 Dockerホストの確認

```
# docker version
Client: Docker Engine - Community
 Version:           19.03.5
中略
Server: Docker Engine - Community
 Engine:
```

```
    Version:          19.03.5
後略
```

　最後の5番目のステップとして同じ操作を残りの2台（ホストB、ホストC）に対しても実施します。指定するIPはカンマ区切りで複数並べると、同時に設定が施されます。

図2-41　他のホストへの実施

```
# ssh-copy-id 10.149.245.115
# ssh-copy-id 10.149.245.116
# ansible-playbook -i 10.149.245.115,10.149.245.116 ./pb_centos7.yml
PLAY [all] **********************
中略


TASK [Start/Enable docker] ******
changed: [10.149.245.116]
changed: [10.149.245.115]

PLAY RECAP **********************
10.149.245.115   : ok=13  changed=11  unreachable=0  failed=0  skipped=0  rescued=0
ignored=0
10.149.245.116   : ok=13  changed=11  unreachable=0  failed=0  skipped=0  rescued=0
ignored=0
```

　これでホストA,B,Cは互いにパスワードなしで鍵認証によるSSHできるようになります。そしてすべてのホストにDockerがインストールされた状態となります。Ansibleとインストール先のマシンさえ準備されていれば、Dockerホストを100台用意することもそれほど大変ではありません。興味がある方はAnsibleのPlaybookの中身を確認してください。AnsibleはWeb上にさまざまな解説情報があり、専門書籍も多数販売されています。解説はそちらに譲りたいと思います。

　なお、PlayBook中で**sshd**（**SSH**のサーバー機能）の設定を変更しています。デフォルトは10セッションの接続を上限としていますが、Docker Composeで複雑な使い方をするとそれを超えてしまうので100に変更しています。

2

イメージの利用と開発を体験しよう

COLUMN | Docker ホストの選定

Docker Desktop for Windows/Macは開発で利用するアプリであり、本番環境で運用することは推奨されていません。本番環境でのコンテナ運用では、Linuxなどのホスト OS に Docker を直接インストールして、Dockerホストとして利用します。

Dockerホストはいつ壊れたり停止したりしてもよい存在ではありません。大切な Docker ホストに大切なアプリのコンテナを大量に展開するというような運用方法は避けるべきです。大切なアプリを多数運用するインフラ基盤がほしいのであれば、冗長化された仮想化基板上に保護された Docker ホストを大量に展開したり、冗長性を持たせた Kubernetes クラスタを最初から導入することが望ましいです。

最初に考慮すべきなのはDockerホストをベアメタル（直接インストール）で用意するか、ハイパーバイザー上の仮想マシンで用意するかという点です。両者はそれぞれメリットデメリットがあり、非常に簡潔にいってしまうとベアメタルは性能面で優れますが大規模展開の運用コストが大きく、仮想化環境はエミュレーションによるオーバーヘッド（VTAXと呼ばれる。仮想化の税金）があるものの、大規模運用時に管理面で優れるという特徴です。

Dockerホストをどのように構築するかは以下あたりが落とし所ではないかと思います。

- ホストの更新頻度が低くてデスクトップマシンレベルのリソース（CPU4コア、メモリ16G）が必要であればベアメタル
- 超高パフォーマンスが必要だがシンプルな使い方（ビッグデータ解析など）もベアメタル
- それ以外はすべて仮想マシン（以下はシナリオ例）
  - デスクトップマシンだがDockerホストを頻繁に作り直す（検証用環境）
  - パブリッククラウド上でDockerホストを展開
  - オンプレミスのサーバー仮想化基盤の利用

筆者は今まで何度もDockerホストやK8sの基盤を構築していますが、ベアメタルへの作業ははっきりいってかなり手間がかかります。小規模な環境（共有ストレージなし）へのハイパーバイザーのインストールは簡単ですし、大規模環境であればすでに仮想化基盤（クラスタ）ではDockerの良さと仮想化の良さ（HAによる障害影響の低減や、バックアップ機能など）の両立ができます。また、超巨大なDockerホスト上を大量のコンテナで埋め尽くしてリソースを適切な割合で使うことも難しいです。ホストのメモリ512Gをコンテナで8割消費（余らせるともったいない）しつつ、ホストのポート重複や、行儀が悪いコンテナの管理をするのは大変です。そのような場合は仮想マシンに8Gから32Gあたりで割り当てると使いやすいサイズにできます。

3

Dockerネットワークと
ストレージを理解しよう

Dockerネットワークを使いこなそう

Dockerで構築されるアプリは複数のコンテナから構成されるのが一般的です。そのためには、Dockerの内部ネットワークを介したコンテナ間の接続などが必要になります。また、外の世界からコンテナにアクセスを行わせるためには、コンテナのポート公開などが必要です。Dockerらしいネットワークの使い方を理解することで、正しい設計を行えるようになります。

◎ Dockerネットワークの基礎を知ろう

2章で構築したWebサーバー（リバースプロキシー）とアプリサーバーのように、コンテナ間はネットワーク経由で通信ができます。また、Pythonコンテナ内でpipコマンドで外部からFlaskパッケージをインストールできたように、このネットワークはホスト外のネットワーク（自宅のLANなど）にも接続されています。

Dockerエンジンはコンテナの実行環境だけでなく、コンテナが利用するネットワークも提供しています。Dockerが持つネットワーク一覧は「**docker network ls**」コマンドで確認できます。下記のネットワークはすべてDockerがデフォルトで持つものであり、ユーザーがネットワークを作成した場合はそれも表示されます。

図3-1 ▶ ネットワーク一覧を表示

```
$ docker network ls
NETWORK ID          NAME                DRIVER              SCOPE
0aa42548fca8        bridge              bridge              local
408d3e2dd406        host                host                local
f510c2515b57        none                null                local
```

Dockerのネットワークの基本はNATです。特殊な構成であるDocker Desktopはもう少し複雑ですが、Dockerホストは自身が持つネットワークインターフェースをNATの外部インターフェースとして使い、NAT内のネットワークに内部IPアドレスを持たせたコンテナを接続しています。

上記の一覧にある「bridge」は、名前はスイッチのようですが、実体はDockerが提供するデフォルトのNAT用のネットワークです。このBridgeと2章で構築したWebサーバー（nginxのリバースプロキシー）

とアプリサーバー（Python Flask）の構成は以下のようになっています。

図3-2 ▶ ブリッジとコンテナアクセス

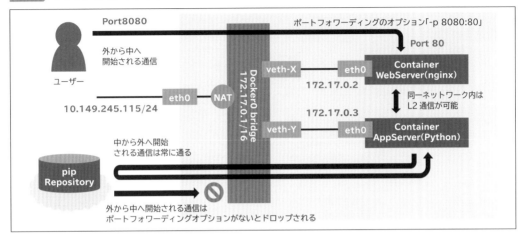

　Webサーバーからアプリサーバーへの通信は、この内部ネットワーク内の通信です。同一ネットワーク内の通信ですので、**コンテナ間は内部IP（正確にはARP解決とMACアドレスによるL2転送）で通信**を行います。そして、内部にあるコンテナから外への通信は、NATの「**IPマスカレード**」機能を使ってアドレス変換して行います。そして返りの通信はIPマスカレード機能で元の内部アドレスに変換されて、送信元のコンテナに送り届けられます。

　たとえば、アプリサーバーはpipコマンドでインターネット上からモジュールをインストールしましたが、これはデフォルトゲートウェイ（bridgeの内部インターフェース）でアドレス変換されてホストのIPとして外に通信（pipのリクエスト）され、戻ってきた通信（モジュールのデータ）が元のコンテナの送信元IPに変換されてアプリサーバーに送られるという流れです。これはみなさんの自宅ネットワーク内の機器が、ルーターを経由してインターネット上のサイトに接続する流れとほとんど同じです。

　外部からコンテナに開始される通信も一般的なNATとまったく同じ仕組みで動きます。NATに特別な設定がなければ、外部インターフェース宛に届けられた通信はどの内部IP宛かを判別できないので破棄されます。もしコンテナを外部に公開するサーバーとして利用したいのであれば、「外部インターフェースのポートX宛に届いた通信は、内部IPであるYのポートZに転送する」と設定を加えることではじめて実現できます。これはNATの「ポートフォワーディング」と呼ばれる機能で、今までrunコマンドで利用してきたオプション「-p 8080:80」は、ホストのポート8080宛の通信をコンテナ（のIP）の80番ポートにポートフォワードするという設定でした。

　runコマンドを使う際に接続するネットワークを指定しなければ、bridgeが接続されるネットワークとして選択されます。それ以外のネットワークに接続したいのであればオプションで指定する必要があります。これは後ほどサンプル付きで説明します。

3

◉ host と none

残る2つの最初から存在するネットワークは「host」と「none」です。以下の図に記載します。

図3-3 host ネットワークと none ネットワーク

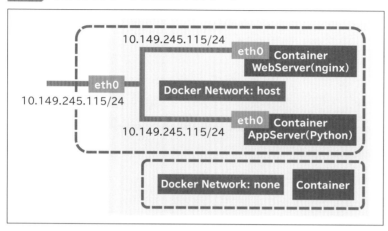

none は名前の通り「存在しない」ことを意味しており、none ネットワークに属させたコンテナはネットワークのインターフェースを持ちません。つまり、他のコンテナにも外の世界にも通信を行うことができません。インターフェースを持たせないということを明示するためだけに none は存在しています。none ネットワークの使い所はあまり多くありませんが、ネットワークを使わないコンテナで明示的に設定されることに加えて、Docker の高度なネットワーク利用法（本書では割愛します）のベースとして使われることもあります。

もう1つの「host」は名前の通り Docker ホストのネットワークをそのまま利用するというものです。Docker は仮想マシンと異なりホストとカーネルを共有し、リソースをコンテナ機能で分離しています。あえてネットワークの分離を行わずにホストのネットワークスタックをそのまま使うというのが host ネットワークです。たとえば、図にあるようにホストのインターフェースが「10.149.245.115」という IP を持っていたとすれば、host ネットワークに属するコンテナの IP も「10.149.245.115」になります。利用するポートもホストとコンテナで共有されますので、ホストがポート80を使っていればコンテナはポート80を使えません。同様にコンテナ A がポート80を使っていれば、コンテナ B はポート80を使えません。利用シナリオとしては Docker ホスト上で利用するコンテナ数が少なく、NAT を挟みたくないという状況で使えます。host ネットワークはあまりコンテナらしい使い方ではないので、bridge の利用をおすすめします。

◎ ポートフォワーディングでコンテナを外に公開しよう

　ネットワーク機能の概要がわかったところで、ここからは実際にネットワーク機能を利用してみましょう。コンテナ起動時に「-p」オプションを利用することで、ホスト（Docker DesktopやDockerホスト）の特定ポートから内部ネットワークに接続されるコンテナの指定ポートへ通信を転送できます。この通信の転送機能はポートフォワーディングと呼ばれています。

　ポートフォワーディングを行わなくても、NAT内のコンテナは中から外の世界への通信できますし、コンテナ間の通信もできます。しかし、外部からのアクセスが不要なデータベースのポートなども公開されてしまうため、そのポートが攻撃対象になってしまうというリスクが発生します。そのため「セキュリティリスクを下げる」「ホストが利用する有限なポートの節約」という意味で、外部に公開する必要があるコンテナのポートだけにポートフォワーディングを設定すべきでしょう。

　現在のポートフォワーディングの状態を知るには「docker container ls」コマンドを使うのが簡単です。「**docker container port** <コンテナ名>」でも個別のコンテナのポートフォワーディング状態を確認できます。出力が長いのでフォーマットしています。

▶ 図3-4 ▶ ポートフォワーディングを確認

```
$ docker container run -d --rm -p 8080:80 nginx:1.17.6-alpine
e8546720487cc5d5102bba4327ba892624bbc6248b67ed181f3458cca3132270

$ docker container ls --format='table {{.ID}}\t{{.Names}}\t{{.Ports}}'
CONTAINER ID        NAMES               PORTS
e8546720487c        nostalgic_hermann   0.0.0.0:8080->80/tcp

$ docker container port e8546720487c
80/tcp -> 0.0.0.0:8080
```

　コンテナが利用したいホストのポートがすでに別コンテナやDocker外のサービスが利用している場合はコンテナ起動に失敗します。以下では上記の8080番ポートを使うコンテナを走らせたままで、別のコンテナで8080番ポートを使おうとした際のエラーです。

▶ 図3-5 ▶ 使用済みポートを利用した場合

```
$ docker container run -d --rm -p 8080:80 nginx:1.17.6-alpine
b19aa9ef199bb48182bc7ac60050abd2cf667148118e95a4fb7c11063af63a0d
docker: Error response from daemon: driver failed programming external connectivity on
endpoint naughty_maxwell (afe16f22a69b0dc90dbf87c6831f46cb3e10317cb363e01d7bb1a94463f80
6b5): Bind for 0.0.0.0:8080 failed: port is already allocated.
```

Dockerに限った話ではありませんが、Web系のサービスを展開する場合はHTTPSのポート（443）とHTTPのポート（80）が外部に公開されます。1つのサーバーで複数のWebサービスを公開する場合は、すべてのサービスがこれらのポートを利用したいはずです。そういった場合は「バーチャルホスト」というアクセスされるドメインごとにWebサーバーの動きを変える機能とリバースプロキシーを使って、「www.example1.com」にアクセスされれば内部で8080で動くサービスに転送し、「www.example2.com」にアクセスされれば内部ポート8081で動くサービスに転送するといったアクセスの振り分けができます。今まで利用してきたnginxでもこの機能を提供しているので、興味がある人は調べてみてください。サーバー台数とグローバルIPの節約目的で利用されることが多く、月額数百円でWebサーバーやブログを提供しているサービスは、これを利用して多数のユーザーを1つのサーバーに集約することがあります。ただし、あまりに無関係なサービスを1つの入り口に集約させてしまうと、管理や独立性（サービスAの障害がサービスBに影響する）の問題が起きるので注意してください。

◎ ネットワークを作成／削除し、使ってみよう

　デフォルトで提供される「bridge、host、none」以外のネットワークを利用したい場合は、ネットワークの作成が必要です。macvlanなどのデフォルトで存在しないタイプのネットワークを利用したい場合はもちろん必要ですが、多くの利用シナリオは「アプリごとにネットワークを分離したい」というものです。Dockerは多数のコンテナを動かすことができ、アプリAに属するコンテナ群と、アプリBに属するコンテナ群の間ではグループをまたがって通信できる必要性は少ないです。そういった場合にネットワークを整理する目的で「アプリAはネットワークAに属させる」「アプリBはネットワークBに属させる」という運用をします。

　dockerのネットワーク作成には「**docker network create <ネットワーク名>**」コマンドを利用します。作成するネットワークの種類はネットワークドライバーとして定義されており、「-d, --driver」オプションで選択します。デフォルトのドライバーはbridgeであるためNAT用のネットワークを利用したい場合は指定不要です。

図3-6 ▶ ネットワークの作成

```
$ docker network create bridge1
807f428c46cebc2326cb46756bacf4a67472819f597c285cb5e759d69f2323ca

$ docker network create -d macvlan macvlan
8a3a5e859c221edaf24bfd019863a0260f74e6d9a57e4607ff6654bb0de03486
```

```
$ docker network ls
NETWORK ID          NAME                DRIVER              SCOPE
440940eaca4e        bridge              bridge              local
807f428c46ce        bridge1             bridge              local
408d3e2dd406        host                host                local
8a3a5e859c22        macvlan             macvlan             local
f510c2515b57        none                null                local
```

コンテナが接続するネットワークの指定には、runコマンドでの起動時に「--network」オプションを使います。先ほど作成したbridge1にnginxコンテナを接続するには以下のようにします。

図3-7 コンテナをネットワークに接続

```
$ docker container run -d --rm --network bridge1 -p 8080:80 nginx:1.17.6-alpine
69055bd725f101af8a1205474738274968b1a3e0b4a4437ddd0908f5f3110296
```

ポートフォワーディングはデフォルトネットワークのbridge以外でも利用できますので、ブラウザから「http://127.0.0.1:8080/」にアクセスするとネットワークbridge1に接続される新しいnginxのページが表示されます。

コンテナがどのネットワークに属しているかは「**docker container inspect <コンテナ名>**」コマンドや「**docker network inspect <ネットワーク名>**」コマンドで確認できます。

図3-8 ネットワークに属するコンテナを確認

```
$ docker network inspect bridge
[
    {
        "Name": "bridge",
        "Id": "0aa42548fca8e61e53ea7ddd0f7bb380c9e458b4ad1c394029a4cf9a36fb77f9",
        "Created": "2019-10-29T05:03:33.309616311Z",
後略
```

どのコンテナからも利用されなくなったネットワークは削除することが可能です。ネットワーク名を指定する「**docker network rm <ネットワーク名>**」コマンドと、すべての使われていないネットワークを削除する「**docker network prune**」コマンドがあります。デフォルトで存在するbridgeとhostおよびnoneはpruneの対象外です。

先ほど作成したbridge1とmacvlanを削除します。コンテナが接続されているネットワークは削除できませんので、先にコンテナを消すなりしてください。

3

Dockerネットワークとストレージを理解しよう

```
$ docker network rm bridge1
Error response from daemon: error while removing network: network bridge1 id 807f428c46ce
bc2326cb46756bacf4a67472819f597c285cb5e759d69f2323ca has active endpoints

$ docker container rm -f interesting_hodgkin
interesting_hodgkin

$ docker network rm bridge1
bridge1

$ docker network prune -f
Deleted Networks:
macvlan
```

COLUMN	動的にネットワーク接続を変更する

コンテナは起動するタイミングでネットワークに接続することが一般的です。ただし、積極的に利用するものではありませんが、動的にネットワークに参加したり離脱を行うこともできます。「docker network connect ＜ネットワーク名＞ ＜コンテナ名＞」とすることでコンテナに新規インターフェースを追加してネットワークに参加させ、逆に「docker network disconnect ＜ネットワーク名＞ ＜コンテナ名＞」とすることで、そのネットワークに接続されるインターフェースを外すことができます。

◎ コンテナ間の名前解決

　複数のコンテナを連携させるアプリは、コンテナ間の連携をホスト名（コンテナ名）ベースで実現するのが一般的です。なぜなら、コンテナが持つIPは起動時に決まるため、IPベースで連携させる場合、手動で確認して環境変数にセットすることになります。人手が加わって面倒ですし、ミスでトラブルが起きる可能性が高いです。

　ホスト名ベースのコンテナ間連携を行う場合、デフォルトのbridgeではなく、作成したネットワークを利用するのが一般的です。アプリごとにネットワークを分離できるというメリットもありますが、それよりも「作成したNAT（ドライバーbridge）のネットワークは、内部のコンテナが他のコンテナを名前解決できる」という理由で使われます。逆にいえば、デフォルトネットワークのbridgeはNAT機能こそ提供するものの、他のコンテナの名前解決機能を提供しません。

　この名前解決の仕組みを、軽量LinuxであるAlpine Linuxを使って確認します。bridgeタイプのネットワークbridge1を作成し、それにAlpine2台をct1とct2という名前で展開します。そしてct1がct2を名前解決できるかを疎通確認のためのpingコマンドで確認します。「ping -c 2 ct2」は、ct2にたいし

て2回 ping を行うという指定です。

図3-9　2つのコンテナで連携テスト

```
$ docker network create bridge1
04f3594af6b163f5e0ced306d466ea9bc3fe4be9487b98b3b6d91440be49db01
$ docker container run --rm -d --name ct1 --network bridge1 alpine:3.10.3 tail -f /dev/
null
17f78e6ba5d5939555c0fcd0f25e9412630be2ca6243a0cdf33166898b6ba3f1
$ docker container run --rm -d --name ct2 --network bridge1 alpine:3.10.3 tail -f /dev/
null
964adc3a8ba82328df703ee1b62790f7c9fddf69b934a4bde892adf0fbdc44cf

$ docker container exec ct1 ping -c 2 ct2
PING ct2 (172.20.0.3): 56 data bytes
64 bytes from 172.20.0.3: seq=0 ttl=64 time=0.127 ms
64 bytes from 172.20.0.3: seq=1 ttl=64 time=0.143 ms
--- ct2 ping statistics ---
2 packets transmitted, 2 packets received, 0% packet loss
round-trip min/avg/max = 0.127/0.135/0.143 ms
```

　先に展開した ct1 があとから展開された ct2 を名前解決できているので ping に成功しています。ここでは試していませんが、あとに展開された ct2 も ct1 を名前解決できます。名前解決はコンテナの起動順序に関係なくできるということは覚えておいてください。同じシナリオで「--network」オプションなしで ct3 と ct4 を展開し、コンテナ名にたいして ping を実施してみます。

図3-10　ネットワークを作らずに2つのコンテナで連携テスト①

```
$ docker container run --rm -d --name ct3 alpine:3.10.3 tail -f /dev/null
53b9a5336fc3561bf847e8edacf2c12405320459d11473cafb19b44b541e5350
$ docker container run --rm -d --name ct4 alpine:3.10.3 tail -f /dev/null
986d66ec981ef56b5fbd9fc1d5dc86c50a56199142cf2abd19952f00910c7a50

$ docker container exec ct3 ping -c 2 ct4
ping: bad address 'ct4'
```

　ping コマンドがエラーで ct4 を名前解決できないと伝えています。ct3 と ct4 が属するネットワークは同じなので IP 指定をすれば ping に成功します。

図3-11　ネットワークを作らずに2つのコンテナで連携テスト②

```
$ docker container exec ct4 hostname -i
172.17.0.3
```

3

Dockerネットワークとストレージを理解しよう

```
$ docker container exec ct3 ping -c 2 172.17.0.3
PING 172.17.0.3 (172.17.0.3): 56 data bytes
64 bytes from 172.17.0.3: seq=0 ttl=64 time=0.099 ms
64 bytes from 172.17.0.3: seq=1 ttl=64 time=0.257 ms
--- 172.17.0.3 ping statistics ---
2 packets transmitted, 2 packets received, 0% packet loss
round-trip min/avg/max = 0.099/0.178/0.257 ms
```

　名前解決の挙動を手軽なpingコマンドで確認しましたが、これは他のサービスの名前解決でもほとんど同じです。名前解決できれば、nginxはホスト名を宛先としてリバースプロキシーできますし、アプリサーバーはデータベースサーバーに対してホスト名で接続できます。この名前解決の機能を使うために「--link」オプションを使うこともできます。ただし、この機能は昔はよく使われていましたが、現在非推奨であり将来もサポートされるか不明です。今でもlink機能を使い続けている場合がありますが、名前解決をしたければ、ネットワークを作成してそこにコンテナを接続する方式に変更することをおすすめします。

◉ 名前解決の仕組み

　最後に名前解決の仕組みについて解説をします。Dockerの名前解決はおおよそ下図のような形で行われています。

図3-12　コンテナの名前解決の順序

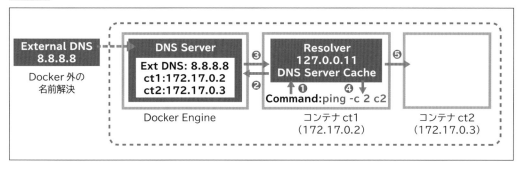

　まず、Dockerコンテナ内での名前解決は、コンテナ自身がネームサーバーとなることで実現されています。たとえばコンテナct1がコンテナct2に通信する際は、コンテナct1のプログラムがネームサーバーである自分自身（ct1のDNSサーバー）に対して、「ホスト名ct2のアドレスを教えてください」と依頼を投げ、そのDNSサーバーがさらにDockerエンジンのネームサーバーに依頼を投げ、その応答で得たIPでコンテナct2に通信を行います。これはLinuxのネームサーバーを指定する設定ファイル「/etc/resolv.conf」の中身を見ればわかります。

図3-13 ネームサーバーの設定を確認

```
$ docker container exec ct1 cat /etc/resolv.conf
nameserver 127.0.0.11
options ndots:0
```

「**nslookup** <ホスト名> <ネームサーバー IP>」コマンドを使うことで、ネームサーバーに対して名前解決の依頼ができます。ct2の名前解決を試してみます。

図3-14 名前解決を依頼

```
$ docker container exec ct1 nslookup ct2 127.0.0.11
Server:    127.0.0.11
Address 1: 127.0.0.11
Name:      ct2
Address 1: 172.20.0.3 ct2.bridge1
```

Alpine Linuxのnslookupコマンドなので応答がシンプルですが、ホストct2のIPアドレスは172.18.0.3ということと、FQDN（Full Qualifid Domain Name）はct2.bridge1ということがわかります。同一のドメイン内ではホスト名のみで名前解決ができますのでbridge1の指定は省略できますが、「ping -c 2 ct2.bridge1」と指定しても名前解決に成功してpingができます。

この「ct2は172.18.0.2」という情報はコンテナ内のネームサーバー自体が管理しているのではなく、その問い合わせ先となる**Docker**エンジンのネームサーバーが管理しています。一度解決されたエントリはコンテナ内でキャッシュされるので、しばらくはDockerエンジンへの問い合わせは発生しません。なお、図にあるように外部のドメイン名（たとえばyumのリポジトリやGoogleなど）の解決は、DockerエンジンのDNSがDockerホスト（Linux/Windows/Mac）の名前解決機能を使って行っています。そのため、Dockerホストの名前サーバーの設定もきちんと行ってください。

3

Dockerネットワークとストレージを理解しよう

データ揮発性と
データ永続化について知ろう

SECTION
02

コンテナはイメージの階層上に構築された可変（変更できる）な階層です。コンテナ上のデータはコンテナを消したらなくなるので、データのファイル書き込みを極力減らすことが必要です。ただし、データベースのファイルなどはデータ永続化という仕組みを使って、コンテナから独立した領域に保存させます。そうすることでコンテナを破棄／新規作成してもデータを引き継げます。

◎ コンテナのストレージの仕組み

　イメージから展開したコンテナに加えられた変更はコンテナが破棄されると失われます。一方、イメージ自体に加えられた変更は、そのイメージから作られるすべてのコンテナに反映されています。どういった理由でこのような動きをしているかを説明し、コンテナのデータ揮発性に関する理解を深めたいと思います。

　2章で説明したように、Dockerのイメージはレイヤー構造となっています。OSの状態Aからの変更が差分イメージとして上積みされて状態Bを作り、さらにその上に差分が加わり状態C、Dと更新されていきます。これらの差分イメージは変更されずに固められた状態で使われます。Dockerのイメージはこの差分イメージの集合となります。たとえば作成したアプリサーバーのイメージは、ベースとなるPythonの公式イメージの上に変更点が差分イメージとして上積みされて作成されています。

　実はDockerのコンテナは、積み上げられたイメージの最上部に位置する「変更可能な差分データ」として実現されています。イメージのレイヤーはすべてが不変（read-only）ですが、最上部のコンテナのデータは変更できるのでコンテナとしての状態は変化させられます。コンテナの破棄はイメージ上に作られた差分データを破棄することと同じなので、コンテナで加えた変更点はすべてコンテナの破棄とともに消去されてしまいます。

図3-15 イメージ上に作られるコンテナの差分ファイル

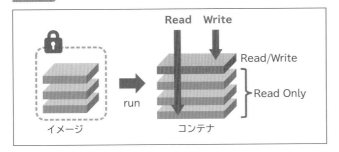

イメージの上に作られるコンテナが使用する領域は、コンテナの破棄とともに消滅する運命にあります。そのような環境ではコンテナ自体にデータを書き出してもホストのストレージ領域を消費するだけなので、基本的にコンテナ上にデータは書き出さないのがDockerの基本的な使い方となります。本当に大事なデータを書き出す場合はコンテナの消滅とともに消えないようにするために、後ほど説明する「永続化」と呼ばれる手法でコンテナ外にデータを書き出します。

コンテナが内部に書き出すデータは、目くじらを立ててまでゼロにする必要はありません。ただし、自分でDockerイメージを開発する場合は

- 開発するアプリはファイルにデータを書き出さない（データ永続化する場合を除く）
- **yum** などでインストールしたアプリはログを標準出力と標準エラー出力に変更する
- イメージ作成に必要となった中間ファイル（**yum** のキャッシュなど）は消す

ということを意識してください。1つ目は特に説明不要ですし、3つ目は次章のDockerfileで説明するためここでは割愛します。今回は2つ目の「ログを標準出力／標準エラー出力に書き出す」という点について、nginxの公式イメージを使って解説しましょう。

◎ コンテナ内のログ出力を標準出力に出す

アプリを構築するサービスにおいて、サービスそのものに利用されないファイルへの書き出し処理の代表格はログ出力（ロギング）です。一般的なアプリは動作のログを残すという意味で処理の重要箇所をファイルに書き出したり、エラーが発生したらその内容をファイルに書き出します。Webサーバーなどでアクセス分析をしたくなればアクセスを記したログを解析することができますし、アプリがエラーで終了した場合はエラーログからトラブルシューティングを行えます。

ただし、先ほど説明したようにコンテナは捨てられる存在ですので、そこにログを書き出してしまう

3

Docker ネットワークとストレージを理解しよう

とコンテナ破棄とともにログを喪失してしまいます。それに加えて多数のコンテナが存在している状況で「各コンテナのログを見るためにコンテナ内のファイルを参照する」という運用は手間がかかります。そのため、ログはコンテナ内にファイルとして書き込まずに出力するか不要であれば破棄するのが一般的です。nginxを「-d」オプションなしで実行した際はアクセスログがコンソールに標準出力で書き出されましたが、それがDockerでの望ましいコンテナのありかたです。

　公式のnginxイメージがログをどのように扱っているか確認してみます。nginxの設定ファイルは「/etc/nginx/nginx.conf」にありますので、runコマンドで起動してからexecコマンドでcatコマンドで出力します。ログに関係のない行は省略しています。

図3-16 ▶ コンテナのログの設定を確認

```
$ docker container run --rm --name nginx -d nginx:1.17.6-alpine
4211e35d61f498144a6fc6220061d253aefa00b41fc5561fa0e95e26ea2b199b

$ docker container exec nginx cat /etc/nginx/nginx.conf
中略
error_log  /var/log/nginx/error.log warn;
中略
http {
    中略
    access_log  /var/log/nginx/access.log  main;
    中略
}
```

　この設定により、エラー系のログが「/var/log/nginx/error.log」に書かれ、アクセスログが「/var/log/nginx/access.log」に書かれることがわかります。それぞれの実体はexecコマンドを使って「ls -l」コマンドを発行すると、エイリアス（別の場所のファイルを指すポインタのようなもの）となっていることがわかります。

図3-17 ▶ エイリアスを確認

```
$ docker container exec nginx ls -l /var/log/nginx/error.log
lrwxrwxrwx 1 root root 11 Oct 23 00:26 /var/log/nginx/error.log -> /dev/stderr

$ docker container exec nginx ls -l /var/log/nginx/access.log
lrwxrwxrwx 1 root root 11 Oct 23 00:26 /var/log/nginx/access.log -> /dev/stdout
```

　それぞれのファイルはスペシャルと呼ばれる「/dev/stderr」および「/dev/stdout」へのエイリアスとなっていますので、「/var/log/nginx/error.logに書き込めば、/dev/stderr」に書かれるといった動きをします。この「/dev/stderr」はデータ（文字列）を書き込むと標準エラー出力するという特別なファイルで、同様に「/dev/stdout」に書き込まれた文字列は標準出力されます。つまり、エラーが発生すればエラー

ログファイルではなく標準エラー出力され、アクセスが発生するとアクセスログファイルに追記されるのではなく標準出力される（/dev/stdoutに書き込まれるため）ということです。興味がある方はnginxコンテナ上でこれらのスペシャルファイルとリンクされたファイルに「cat hello > /dev/stdout」などとテキストを書き込んで実験してみてください。書き込んだテキストが標準出力に現れるはずです。

　自分で既存サービスをイメージとして構築する場合は、「設定ファイルで指定するログファイル自体をスペシャルファイルにしてしまう」という方法もありますし、nginxのように「書き出すログファイルのパスは標準的なものの、そのファイルをスペシャルファイルへのリンクにしてしまう」という方法もあります。どちらを採用するかは個人の好みですが、後者のnginx方式はアプリの設定ファイルに変更を加える必要がないためおすすめです。なお、そもそもログファイルが不要という場合は、標準出力／標準エラー出力させるのではなく、完全に消滅させるという方法もあります。その場合は、消滅させる目的で用意されているスペシャルファイルである「/dev/null」に対して書き込みを行ってください。

◎ Dockerホストでコンテナのログを管理しよう

　標準出力されたログは1章で説明した「**docker container logs**」で確認することができます。このコンテナはDockerホスト（Docker Desktopではない）の「**/var/lib/docker/containers/<コンテナID>/<コンテナID>-json.log**」に保存されています。単に標準入力/標準エラー出力の内容をそのままテキストで保存するのではなく、JSON形式でタイムスタンプなどとともに保存されています。

　以下にnginxのアクセスログ「172.17.0.1 - - [13/Dec/2019:20:02:49 +0000] "GET / HTTP/1.1" 200 612 "-" "curl/7.29.0" "-"」がDockerのログファイル内でどうなっているかを記載します。

図3-18 アクセスログ

```
$ cd /var/lib/docker/containers/c575adf8d045d8dae22134b12ece9b636c51f11a7492cf8f032181dfd
1a952aa/
$ cat c575adf8d045d8dae22134b12ece9b636c51f11a7492cf8f032181dfd1a952aa-json.log
中略
{"log":"172.17.0.1 - - [13/Dec/2019:20:02:49 +0000] \"GET / HTTP/1.1\" 200 612 \"-\"
\"curl/7.29.0\" \"-\"\n","stream":"stdout","time":"2019-12-13T20:02:49.267715213Z"}
後略
```

　nginxのオリジナルのログもタイムスタンプは持っていますが、dockerのコンテナのログはフォーマットが決まっているため、パースなどをしなくても機械的な処理がしやすくなっています。また、出力が標準出力か標準エラー出力かも記録されています。

　このコンテナのログをfluentd（ログ収集ツール）などで回収して、Elasticsearch（ビッグデータ解析用ツール。ログ調査によく利用される）などに送る構成はよく採用されます。こうしておくことで高度

なログ解析をいつでもできる状態を作っておくことができます。DockerやKubernetesで実際にサービスを運用するのであれば導入を検討してもよいかもしれません。

　最後に少し脱線しますが、コンテナで動かすアプリの出力が「バッファリング」しないように注意するべき場面があります。一般的にコンソールやファイルへの出力はCPUやメモリを使った演算処理よりも速度が桁違いに遅いです。そのため、アプリの速度を向上させるために「書き込み出力をためて、ある程度まとまって出力する」というバッファリング処理が行われます。Dockerコンテナを利用していると、ずっとバッファリングされ続けて、ログが発生しないことがたまにあります。たとえばPythonのprint命令による出力もバッファリングされ続けてしまうため、Pythonの起動時にオプション「-u」を付けてバッファリングを回避しています。プログラミング全般に関わりますが、無駄にprint文を大量に書くのではなく、出力したい文字列を結合してからまとめて1つのprint文で出力させる実装が望ましいです。

◎ データ永続化の手法を知ろう

　Dockerのコンテナには不要なデータは可能な限り書き出さないのが基本ですが、アプリの運用に必要なデータは書き出す必要があります。典型的な書き出されるデータはデータベースのデータや、ユーザーからアップロードされるファイルなどです。これらの大事なデータを直接コンテナ上に置いてしまうとコンテナ破棄とともにすべてが失われます。

　大事なデータはコンテナという短命な存在に託さず、何らかの手法でなくならないように管理されなければいけません。

　コンテナ上のデータをなくならないようにすることを「永続化」と呼びますが、その手法にはいくつか考えられます。

- そもそも大事なデータの管理にコンテナを使わない（DBだけ普通のVMを使うなど）
- コンテナとして動くOSが外部ストレージ（NFSやSamba、iSCSI）上に直接データを置く
- Dockerのデータ永続化手法（BindかVolume）を使う

　どの手法を採用するかはアプリ次第ですが、比較的シンプルな構成であれば最後のDockerを使った永続化手法の導入が簡単です。前の2つは特にDockerに限らない話なので詳細は割愛しますが、大規模で複雑な構成であればよく採用されます。複雑な運用が必要であれば、Dockerを使った運用はむしろレガシーな手法よりも難易度が高くなります。そのため、複数の仮想マシンを使ったHA構成の作成（一般的な手法）や、マネージドサービスの利用（お金で外部サービスを使って解決）を検討したほうがよいかもしれません。DockerやK8sのデータ永続化手法は非常に速いスピードで進化しているため、将来的によい方法が生まれるかもしれませんが、本書執筆時点（2020年6月）では簡単に運用できて複雑な

構成にも使えるデータ永続化手法は確立されていません。

　Dockerを使ったデータ永続化の手法は大きく分けて2つあります。1つ目は「バインド（**Bind**）」という機能を使って、ホストの指定したディレクトリをコンテナにマウントするという方法です。そこにあるファイルはコンテナが参照できますし、コンテナが書き込んだデータはホストのディレクトリ上に更新されます。つまり、ホスト上のファイルやディレクトリを更新すれば、それをマウントするコンテナ上のディレクトリも更新されます。その逆にコンテナがファイルやディレクトリを更新すれば、ホスト上の領域も更新されます。

　もう1つの手法が「ボリューム（**Volume**）」と呼ばれる手法です。Dockerエンジンが管理するボリュームと呼ばれるストレージ領域を作成して、それをコンテナにマウントする手法です。バインドはホストのどのディレクトリをマウントするかをパスで指定するのに対し、ボリュームは名前で領域を管理（作成／利用／破棄）することができます。その領域はデフォルトでDockerホスト上の特別なパス（ユーザーは普通触らない場所）に作成されますが、NFSなどの外部ストレージ上の領域を指定することもできます。外部ストレージを使う場合はDockerホストが壊れた場合でも、他のホストがそこを参照すればデータを永続化できます。

　他にはtmpfsと呼ばれるコンテナにストレージを提供する機能もあります。このストレージ上に置かれたデータはコンテナの破棄とともに失われるため永続化には役立ちませんが、tmpfsはいわゆるRAMDisk（メモリ上に構築されたファイルシステム）として動作しますので高速なディスクIOを提供できます。コンテナ上の作業領域などに使えば高速かつディスクサイズを増やさないので便利です。

COLUMN	パフォーマンス向上のための永続化

永続化はデータ永続化自体を目的とするのではなく、コンテナのパフォーマンスを向上させる目的や、コンテナ上の領域のデータ肥大化を防止する目的で利用されることもあります。永続化された領域は、Dockerのイメージとコンテナが動くファイルシステムから独立した外部に作成されるので、コンテナが動くホストのディスクI/O性能に近いパフォーマンスが得られることが期待できます。永続化を使わない普通の領域は「ホストのファイルシステム＋イメージとコンテナのファイルシステム」を経由してデータがディスクに書かれるので、若干のオーバーヘッドがあります。

3

Dockerネットワークとストレージを理解しよう

◎ Bindによるデータ永続化を試してみよう

Dockerのデータ永続化にはrunコマンドのオプションを利用します。そのオプションは複数種類ありますが、本書ではBind/Volume/tmpfsで共通利用できる「--mount」を利用します。

なお、DDfWでは事前にマウントを許可する設定が必要です。

図3-19 ▶ **DDfWのマウント設定**

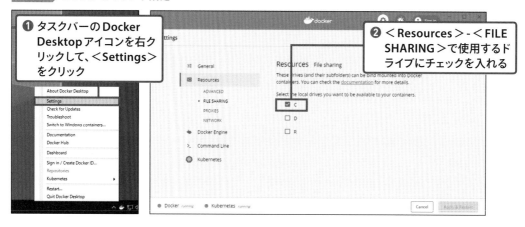

Bindを利用するには「--mount type=bind,source=<ホストのディレクトリ>,target=<コンテナのディレクトリ>」とします。3つの設定項目はカンマ区切りでスペースはあけません。targetで指定するコンテナのディレクトリは存在しなければ自動で作成されますが、sourceで指定するホストのディレクトリは絶対パス指定を行い、存在するディレクトリを指定してください。

実験の準備としてホームディレクトリにbindhostというディレクトリを作成し、そこにhello1.txtを置いておきます。以下はLinux（mac）の例ですが、Windowsであればメモ帳でファイルを作ってもらって大丈夫です。

図3-20 ▶ **ホームディレクトリにファイルを置く**

```
$ mkdir ~/bindhost
echo "hello bind" > ~/bindhost/hello1.txt
```

このディレクトリをAlpine LinuxコンテナにBind方式でマウントします。オプションのホストディレクトリの絶対パスは実際の環境のものに変更してください。「--rm」オプションも指定しますので、このコンテナは停止したら消滅します。

図3-21 ▶ コンテナを作成

```
$ docker container run --rm -d --name bct \
  --mount type=bind,source=/Users/yuichi/bindhost,target=/bindcont \
  alpine:3.10.3 tail -f /dev/null
ad204d1bbfac359e6982d13e25f53e1cf65125abb16b3262386bd2bc89009170
```

　これでホストのbindhostディレクトリをコンテナ上の/bindcontにマウントしたコンテナが作成で
きました。ホストのファイル（hello1.txt）をコンテナ上で確認し、コンテナで変更を加えた（ファイル
hello2.txtを作成）あとでコンテナを削除します。そして消滅したコンテナが加えた変更をホストで確
認します。

図3-22 ▶ ファイルの確認と作成

```
$ docker container exec bct ls /bindcont
hello1.txt
$ docker container exec bct touch /bindcont/hello2.txt
$ docker container stop bct
bct
$ ls ~/bindhost
hello1.txt hello2.txt
```

　ホストのディレクトリの中身をコンテナで確認でき、コンテナで加えた変更がホストでも確認できま
した。新しいコンテナでこのホストディレクトリをマウントしても、以前のコンテナで加えた変更が残っ
ています。データ永続化ができています。
　最後にコンテナはホストのディレクトリをマウントするものの、書き込みはできない「Read Only」な
マウント法を紹介します。デフォルトは「Read Write」なので書き込みもできますが、HTMLサーバーコ
ンテナでHTMLのディレクトリを参照するような書き込み不要なシナリオでは、事故防止のために
ReadOnlyでマウントすることが多いのです。nginxコンテナのコンテンツディレクトリ（/usr/share/
nginx/html）に先ほどのbindhostディレクトリをreadonlyでマウントし、そこに実験的にファイル
hello3.txtを書き込んでみます。

図3-23 ▶ **Read Only**なマウント

```
$ docker container run --rm -d --name nginx  -p 8080:80 \
  --mount type=bind,source=/Users/yuichi/bindhost,target=/usr/share/nginx/html,readonly \
  nginx:1.17.6-alpine
b7455fba3f9ef526bb7181d22f5c4ee310a6756b6c0d858050f1bffb9447bc76


$ docker container exec nginx touch /usr/share/nginx/html/hello3.txt
touch: /usr/share/nginx/html/hello3.txt: Read-only file system
```

3

Dockerネットワークとストレージを理解しよう

Read-onlyファイルシステムだといわれて書き込みに失敗しました。このようにreadonlyシステムとしてディレクトリをマウントすれば、コンテナのバグなどでマウントしたディレクトリのデータを壊してしまうリスクを回避できます。なお、この状態で「http://127.0.0.1:8080/hello1.txt」にアクセスすると、nginxがその内容を表示してくれます。マウントした状態でホスト側のディレクトリを更新すればコンテナ側のディレクトリにも反映されるので、コンテナを再起動しなくてもコンテナの状態を更新することができます。

◎ ボリュームによるデータ永続化を試してみよう

ボリューム方式を使ったデータ永続化はDockerが管理するデータ領域をコンテナに提供します。

Bindはユーザーがディレクトリの中身をホスト側で操作するのに適した手法ですが、ユーザーがきちんと場所や利用状況を細かく管理して使う必要があります。ユーザーがホスト側でデータ操作をしないデータベースなどの用途であれば、データ領域を名前で管理できるVolumeのほうが運用は簡単です。

ボリュームの利用法はBindとほとんど同じです。ユーザーがホストのディレクトリを用意して管理する代わりに、「docker volume」コマンドで名前ベースでデータ領域を作成したり管理したりします。現実的な利用例としてボリュームとMySQLを使ったWordPressの永続化を後ほど扱いますが、ここでは利用法を学ぶためにコンテナAで加えた変更をマウントしたボリューム領域に加え、同じボリュームをマウントするコンテナBに状態を引き継ぐという簡単なシナリオで利用法を学びます。

ボリュームを利用するには「docker volume create <ボリューム名>」コマンドでボリュームを作成し、それを「--mount」オプションで指定したコンテナのディレクトリにマウントします。オプションは「--mount source=<ボリューム名>,target=<コンテナのディレクトリパス>」となり、ボリューム方式がデータ永続化手法のデフォルトですのでtypeは省略しています。

図3-24 ▶ ボリュームを作成してコンテナにマウントする

```
$ docker volume create myvolume
myvolume

$ docker container run --rm -d --name vct1 \
    --mount source=myvolume,target=/volume1 alpine:3.10.3 tail -f /dev/null
c57ca13367c55a058582e382485913e68fcf34bdbf264bc9a5acd643bc6646ac

$ docker container exec vct1 ls /volume1
<ファイルが存在しないので何も表示されない>
$ docker container exec vct1 touch /volume1/hello1.txt
```

ボリュームmyvolumeを作成し、それをコンテナvct1の/volume1領域にマウントしています。

新規作成されたボリュームは空なので、マウントしたディレクトリをlsコマンドで確認しても中身が何も表示されていません。hello1.txtを書き込んでからこのコンテナを破棄して、新しいコンテナvct2に同じボリュームmyvolumeを/volume2にマウントし、そのディレクトリの中身をlsコマンドで確認します。

図3-25 ▶ 新しいコンテナにマウントする

```
$ docker container stop vct1
vct1

$ docker container run --rm -d --name vct2 \
    --mount source=myvolume,target=/volume2 alpine:3.10.3 tail -f /dev/null

$ docker container exec vct2 ls /volume2
hello1.txt
```

先ほど削除したコンテナvct1で加えた変更（hello1.txtの作成）が、その領域をマウントした別のvct2に引き継がれていることがわかります。

ボリュームの操作方法は、コンテナやイメージなどと同じようにlsコマンドやinspectコマンドとなります。そして削除にはrmコマンドやpruneコマンドを使います。削除するにはそのボリュームが利用されていない必要があります。

図3-26 ▶ ボリュームの確認と削除

```
$ docker volume ls
DRIVER              VOLUME NAME
local               myvolume

$ docker container stop vct2
vct2
$ docker volume rm myvolume
myvolume
```

なお、イメージの設定でコンテナがボリュームを利用するように設定することもできます。本書で扱うMySQLやJenkinsのイメージはボリュームを利用するよう設定されているので、特に何もしなくてもデータ永続化が実施されます。ただし、ボリュームを指定しない場合は「Volume名がIDのものを新規作成して、それをマウントする」という動きをするので、どのボリュームが使われているかわかりにくいですし、次に同じイメージからコンテナを作成すると別のボリュームが新規作成されます。永続化できるとはいっても使いやすくはないので、明示的にボリュームを指定することが望ましいです。なお、Volumeは明示的にcreateしなくても、存在しないボリュームをマウントオプションで指定すれば勝手に作成されます。

SECTION
03

WordPressをデータ永続化
してみよう

今まで学んできたネットワークとデータ永続化手法を使って、**WordPress**（ブログ）サイトの運用法を検討してみましょう。**WordPress**コンテナとそれが利用する**MySQL**コンテナ（データベース）を利用します。

◎ ここで作成するWordPressサイトの構造

　今までの例ではコンテナを作っては壊しを繰り返してきましたが、実際にサービスを運用するのであれば「継続して運用しやすく、トラブルがあっても元に戻せる」ことが重要です。つまりデータ永続化はあたりまえで、それに加えてアプリのバージョンアップや、ソフトウェア／ハードウェア／オペミスに起因するトラブルに備えたデータベースのバックアップなども必要です。これらの操作運用を試すために、1つのホストで完結する下図のシンプルな構成を作成します。本来であればバックアップは同じホストではなく、別のホストやファイルストレージ／オブジェクトストレージなどに保存するのが妥当です。

図3-27 ▶ WordPressとMySQLのストレージ（コンテナ＋ボリューム）

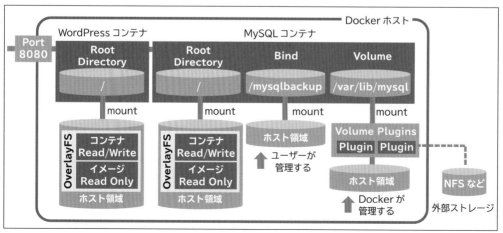

まず前面のWordPressはアプリサーバーであり、たいした状態は持たないため永続化の対象とはしません。図にあるOverlayFSは先に話したイメージとコンテナのレイヤーを作るDockerのファイルシステムであり、ここは永続化されていません。ブログのデータを保存するMySQLは、データを失ってしまうと記事がすべて消滅するので、永続化が必須です。保存した領域をホスト上でユーザーが操作することはほとんどないため、バインドではなくボリュームを使います。

この永続化されるMySQLの領域は、問題なく運用できていれば使い続けることができます。ただし、ホストが壊れたり、コンテナ操作を間違えたり、間違って記事を消してしまった場合などは永続化された領域自体に問題が起きるため、記事は復旧できません。そのような状況でも復旧できるようにするために、MySQLのデータをバックアップ領域に定期的にバックアップします。

構成をシンプルにするため、ここではWordPressの前面にWebサーバーは置きませんが、もし使うのであればnginxコンテナをリバースプロキシーとキャッシュサーバー（アプリサーバーの負荷を減らして高速化）として使うことなどが考えられます。

◎ データ永続化された MySQL と WordPress を立ち上げよう

構築作業を開始しましょう。WordPressからMySQLへの接続に名前解決を使うので、新しくbridgeタイプのネットワーク「wp-net」を作成して、それにMySQLコンテナを接続します。

MySQLコンテナには、データベースのデータ領域（ボリュームmysqlvolume）を「/var/lib/mysql」としてマウントし、バックアップデータを置く領域（Bind）をコンテナの「/mysqlbackup」としてマウントします。そしてMySQLコンテナを使うのに必要な環境変数を4つ（MySQLのRootパスワード、MySQLパスワード、ユーザー名、データベース名）を与えます。MySQLのデータ領域のパスや必要とされる環境変数については、DockerHost上のドキュメントから確認したり、Dockerfileを読んだり、試しに起動して確認してください。MySQLに限らず有名な公式イメージであればWebで検索すれば使い方は見つかるはずです。なお、以下のサンプルにあるMySQLコンテナが使うバックアップ用のホスト側のディレクトリは、ご自身の環境のパスに置き換えください。

図3-28 ネットワークとMySQLのコンテナを作成

```
$ docker network create -d bridge wp-net
fbf12dd86edd0d225a18281e52686f77cbed43f00f38ebdd79e5f2591711cb59

$ docker container run -d --network wp-net --name mysql          \
   --mount source=mysqlvolume,target=/var/lib/mysql              \
   --mount type=bind,source=/Users/yuichi/mysqlbackup,target=/mysqlbackup \
   -e MYSQL_ROOT_PASSWORD=password -e MYSQL_DATABASE=wordpress    \
   -e MYSQL_USER=wordpress -e MYSQL_PASSWORD=password mysql:5.7.28
440e11e4c643ac24172d15e26de9bd32713d579fcc55a446cbdb670399a15a89
```

107

複雑な構成になってくるとコマンドが長くなり、起動が面倒になってくるかと思います。まだ解説していませんが本来であればDocker Compose（5章）を使うなりして、複雑なコマンドによる運用を避けることが望ましいです。今回は頑張ってオプションの意味を意識しながら手入力で実行してください。

次にWordPressのコンテナを起動します。MySQLコンテナと同じネットワークに接続し、公式のWordPressイメージが必要とするデータベース接続のための環境変数を設定します。環境変数の1つである「WORDPRESS_DB_HOST=mysql:3306」では、接続先のMySQLコンテナをホスト名（mysql）で与えています。作成したNATネットワークなので名前解決が利用できるため、IPではなく名前を指定しています。また、サービスを外部に公開するためのポートフォワーディングの設定も行います。

図3-29 WordPressのコンテナを作成

```
$ docker container run -d --network wp-net -p 8080:80                 \
    -e WORDPRESS_DB_HOST=mysql:3306 -e WORDPRESS_DB_NAME=wordpress   \
    -e WORDPRESS_DB_USER=wordpress -e WORDPRESS_DB_PASSWORD=password \
    --name wordpress wordpress:5.2.3-php7.3-apache
```

これでもうWordPressが使えるようになりました。問題なく両者が動いていれば、WordPressの最初のログイン画面（言語選択）が出てきます。WordPressの初期設定をしないと、このあとに続くデータ永続化やバックアップの確認ができません。設定パラメーターはおまかせしますが、言語で日本語を設定し、MyBlogなどの適当なブログ名で設定を済ませてください。

図3-30 WordPressに接続

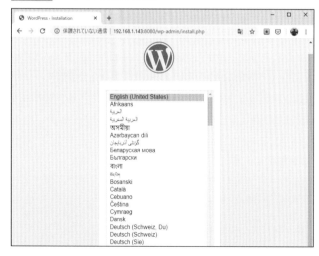

◎ 永続化領域のバックアップとリストアを試してみよう

　データ永続化の確認は、先の Alpine Linux での確認とまったく同じ手順で実施できます。MySQL コンテナを停止して削除し、ボリュームを含めて同じパラメーターで新しい MySQL コンテナを立ち上げれば前回と同じ状態になるはずです。手順は割愛します。

　ここでは新しい操作であるバックアップとリストアを実施します。利用するアプリごとにこれらの手法は変わってきますが、おおまかには「ボリューム領域をまるごと zip や tar で固めてバックアップとして保存する」か「アプリが持つバックアップ手法をコンテナ上で実行する」のどちらかです。

　注意が必要なのは前者のまるごとバックアップは「バックアップしている最中（zip/tar を開始してから終了するまで）にデータ変更があってはならない」という点です。そのため、ライブで変更が加え続けられているボリューム領域のバックアップをとることはできません。いったんコンテナを停止して別コンテナで同じ領域をマウントしてバックアップをとり、バックアップをとり終えたらコンテナを起動してサービスを再開するといった手順が使われます。ちなみに、サーバー仮想化におけるストレージスナップショット（VM を無停止でディスク状態の保存をする）のようなことは現時点でできませんので、本格的なデータベース運用が必要ならサーバー仮想化のほうがよいかもしれません。

　幸いなことに MySQL はバックアップ手法をいくつか持っていますので、ここではシンプルに「mysqldump」というツールを使ってコンテナ上のデータベースバックアップを行います。バックアップとリストアが動作したことを確認するための WordPress 操作（記事作成と確認）も含めて、以下の手順でバックアップとリストアを実施します。ステップ 3 が誤った操作だと仮定し、ステップ 4 でそれをなかったことにしています。

1. 「1st Post」という記事を WordPress で作成する
2. MySQL でバックアップをとり、Bind されたバックアップ領域に書き出す
3. 「2nd Post」という記事を WordPress で作成する
4. バックアップ領域から MySQL をリストアし、「1st Post」しかないことを確認

　まず先ほど立ち上げた WordPress にログインして、ブログ記事「1st Post」の作成と公開を行ってください。

図3-31 WordPressに記事を投稿

投稿できたら、wordpressコンテナにexecしてバックアップを取得します。

図3-32 バックアップを取得

```
$ docker container exec mysql bash -c "mysqldump -u root -ppassword -A > /
mysqlbackup/20200101.sql"
$ docker container exec mysql cat /mysqlbackup/20200101.sql
後略
```

　バックアップコマンドでダンプ結果をファイルにリダイレクトしているので、1章で説明したシェルの「-c」オプションを使う手法を利用しています（P.40参照）。これを使わないとコンテナ内でリダイレクトされるのではなく、コマンドの出力をホストの領域にリダイレクトするという動きをとるので注意してください。また、確認のためにcatコマンドでファイルの中身を出力しています。

　今回はこれらの操作を手作業で実施していますが、cronで定期的に実行するようにしておけばバックアップ作業が自動化できます。欲をいえば「バックアップされたデータをテスト用コンテナに渡して、きちんとMySQLが復元できるかチェック」を完全に自動化して必要なときに復元できないという状況を避けられるようにすべきです。

　次にバックアップをとった時点からの差分を作るためにWordPressで「2nd Post」の作成と公開を行ってください。それが終わったら、コンテナが壊れたという仮定でWordPressコンテナとMySQLコンテナを停止／削除し、MySQLコンテナが使っていたボリュームmysqlvolumeも破棄します。

図3-33 コンテナとボリュームを削除

```
$ docker container stop mysql wordpress
$ docker container rm mysql wordpress
$ docker volume rm mysqlvolume
```

　これできれいさっぱりなくなりましたので、バックアップからの復旧作業に入ります。まずはデータを持つことになるMySQLのコンテナを展開し、データベースを復元します。コンテナの展開は1回目

とまったく同じオプションで実行し、展開したコンテナ上でmysqlコマンドでバックアップデータ（大量のSQL文）を読み込んで、元の状態に戻します。

図3-34 ▶ MySQLのコンテナを作成し、バックアップから復旧

```
$ docker container run -d --network wp-net --name mysql            \
    --mount source=mysqlvolume,target=/var/lib/mysql               \
    --mount type=bind,source=/Users/yuichi/mysqlbackup,target=/mysqlbackup \
    -e MYSQL_ROOT_PASSWORD=password -e MYSQL_DATABASE=wordpress     \
    -e MYSQL_USER=wordpress -e MYSQL_PASSWORD=password mysql:5.7.28
6493c5b366aeb73c67254314ce217ec288c2514a52617dfb15fc5688e428f014

$ docker container exec mysql bash -c "mysql -u root -ppassword < /mysqlbackup/20200101.sql"
```

　これでMySQLの復旧が完了したので、WordPressのコンテナを作成します。1回目とまったく同じオプションを使っています。

図3-35 ▶ WordPressのコンテナを作成

```
$ docker container run -d --network wp-net -p 8080:80              \
    -e WORDPRESS_DB_HOST=mysql:3306 -e WORDPRESS_DB_NAME=wordpress  \
    -e WORDPRESS_DB_USER=wordpress -e WORDPRESS_DB_PASSWORD=password \
    --name wordpress wordpress:5.2.3-php7.3-apache
56642d21d6dfb4947ef500c910fca91af8956ad22a6d07a9040cf782045ab2e3
```

　ブラウザでアクセスして、「1st Post」の記事のみが公開されていれば、バックアップした時点の状態にリストアされています。

　今回は手順を簡単化するためにバックアップファイル以外をすべて消してから作り直しました。実際の環境であれば「リストアに失敗する」という状況もありえますので、オリジナルのWordPressとMySQLをキープしたまま、バックアップファイルを別の新規に作成したWordPressとMySQLの組み合わせに適用する手法をおすすめします。WordPressの前に最初に紹介したnginx（リバースプロキシーとキャッシュ）のコンテナが存在すれば、プロキシー先を新しいWordPressに変更してコンテナを再作成すれば外部からのアクセスも含めて復元完了です。

　なお、バックアップと復元作業はトラブルが発生していない場合であっても、テスト環境などで定期的に実施することが望ましいです。そうすることで本当に復元できるかをトラブル前にチェックしておくことができますし、運用者のノウハウが蓄積されてトラブル時に正しい対応を迅速に行うことができるようになります。IT運用の防災訓練のようなものです。

SECTION
04
Dockerの仕組みを知ろう

ここまでで本書が扱うDockerの基本的な運用基礎に関する項目はすべて終了となります。Docker編の後半（開発寄りトピック）に入る前に、Dockerの仕組みについて簡単に紹介したいと思います。仕組みについて知らなくても簡単な利用はできますが、中上級者になるためには知っていることが望ましいです。興味が湧いたタイミングで読み返しても構いません。

◎ コンテナのランタイムとセキュリティを知ろう

すでに説明したようにDockerはクライアントとなるDockerクライアントとサーバーとなるDockerエンジンから構成されます。Dockerエンジンの内部構造は以下のようになります。

図3-36 ▶ **Docker エンジンの構造概要図**

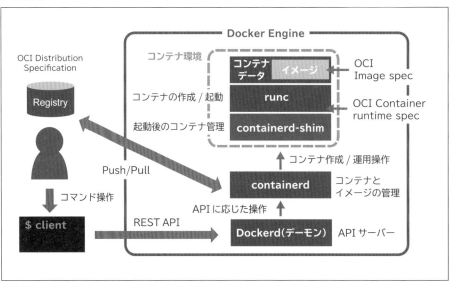

エンジン内のコンポーネントはそれぞれ役割を持っていて、「**docker**デーモン」はクライアントとのAPIのやりとりを担当しています。デーモンが受け付けるのは標準的なREST APIなので、Dockerクライアントではなく直接プログラムからREST APIを呼び出した利用もできます。

クライアントからのリクエストを受け付けたデーモンは、コンテナとイメージを管理する「**containerd**」にAPIのリクエストをgRPCというプロトコルで渡します。containerdはDockerのコントロールプレーンとしての中心的な役割を担当する存在です。もともとは名前の通りコンテナ管理に特化していましたが、現在はイメージの管理も含めてさまざまな仕事を担当しています。

containerdはコントロールプレーンなので、データプレーンとしてコンテナを実行する仕事は「**runc**」に依頼します。runcの仕事はコンテナを作成して起動することのみです。作成されたコンテナの管理などは「**shim**」と呼ばれるプロセスに任せて、containerdはshimを経由して起動後のコンテナ操作やコンテナからの出力処理をします。containerdが直接コンテナの親とならないのは、コンテナを停止せずにdocker本体（containerdなど）を更新できるようにするためです。

データプレーンであるruncの役割は「Linuxのセキュリティ機能を利用して、コンテナを環境から独立させる」というものです。runcの内部には「**libcontainer**」というコンポーネントが存在し、これがLinuxの「namespace」や「cgroup」などを使うことでコンテナを作成しています。runc自体はlibcontainerを利用しやすくするためのラッパという位置付けです。少し複雑だと思いますので、ランタイムに主眼を置いた構成の概念図を記載します。

図3-37 ▶ Docker コンテナの仕組み

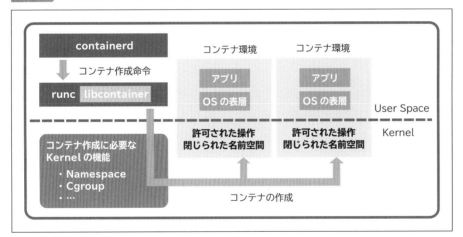

cgroupはコンテナがホストのリソースをどれだけ使えるようにするかを制限するための仕組みです。コンテナ起動時に設定しなければ特に制約なく利用できますが、コンテナが認識するディスクサイズ以上は使えないことは注意が必要です。ただし、そもそもそのディスクサイズ以上の容量を使いたいのであればボリューム系の機能を利用すべきです。

cgroupにもまして重要なのが**namespace**です。これがホストからコンテナのファイルシステムなどを分離させる役割を持っています。namespaceが分離させるリソースは「マウント名前空間」「PID名前空間」「ネットワーク名前空間」などがあり、それぞれファイルシステムのツリー（/からのパス）や、プロセスの親子関係、ネットワークのスタックを分離する役割があります。ファイルシステムが分離されているのでコンテナAからコンテナBにアクセスできず、コンテナAからDockerホストにもアクセスできません。注意が必要なのはホストからはコンテナのリソースが見ることができるということです。コンテナ内のプロセス（nginxなど）をホストでkillして停止させることはできてしまいます。

他に使われているLinuxのカーネル機能としては「capabilities（一般ユーザーがroot機能の一部を使うための仕組み）」や、「mandatory access control（強制アクセスコントロール。デバイスへのアクセス制御など）」および「seccomp（システムコントロールの制御）」などがあります。いずれも本来はセキュリティを実現するための機能ですが、それをコンテナで利用しています。これらのLinuxの機能については検索すれば日本語でもそれなりの情報が出てきます。

◎ Dockerのネットワークの仕組みを知ろう

Dockerのネットワーク機能は容易に拡張できるようにプラグインアーキテクチャが採用されており、Docker本体（Dockerエンジン）から独立した「**libnetwork**」として存在しています。

Dockerがネットワークを利用する場合は、APIを経由してDockerエンジンがlibnetworkを操作しています。おおまかには下図のような設計となっています。

図3-38 **Dockerネットワークの仕組み**

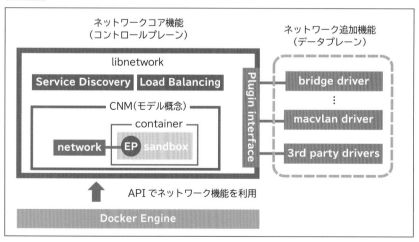

図の中央にある**CNM**は「Container Network Model」と呼ばれる設計概念であり、ネットワークに対

してサンドボックス（独立した空間。つまりコンテナ）をエンドポイント（仮想NIC）経由で接続するというものです。libnetworkはこの概念を実現する実装基板という位置付けです。libnetworkは多くの機能を実装しており、Dockerデーモンからの依頼を受け付けるAPIサーバーの機能も果たします。それに加えて「サービスディスカバリー」と呼ばれるホストとクラスタで使う名前解決関連の機能や、アクセスをコンテナに分散させるロードバランサーと呼ばれる機能、およびプラグインを受け付ける機能があります。

　プラグインは本章で学んだネットワークのドライバー（bridgeやhostなど）のことです。新しい種類のネットワークを簡単にlibnetworkで利用できるようにするため、libnetwork自体に機能を埋め込むのではなく、独立させて設定で取り込める形式となっています。デフォルトで利用できないクラスタ向けのドライバーなどはプラグインとして組み込む必要があります。

◎ Dockerの階層化ストレージの仕組みを知ろう

　Dockerのストレージの中心となる仕事は、差分イメージとコンテナを組み合わせてファイルシステムを作ることです。ファイルシステムを作る手法にはいくつかの選択肢があり、どれが採用できるかはDockerホスト（つまりOS）のファイルシステムに依存しています。現在のLinuxホストで使われるDockerファイルシステムの主流は「Overlay2」と呼ばれる手法であり、これはファイル形式の差分データからファイルシステムを作る「OverlayFS（File System）」という分類に属しています。ちなみに、OverlayFS形式以外にもサーバー仮想化と同様にブロック形式の差分データの階層から構成されるファイルシステムもあり、それぞれ長所短所があります。

　ストレージヘビーなDockerの使い方をする場合は、Linuxホストのファイルシステムレベルからどの方式を採用するか検討が必要ですが、一般的な使い方であればデフォルトのOverlayFS形式で問題ありません。OverlayFSがどのように差分データからファイルシステムを構築しているかを図にまとめます。

3

Dockerネットワークとストレージを理解しよう

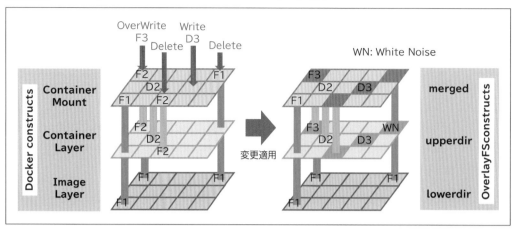

図3-39 OverlayFS（イメージとコンテナのストレージ）の仕組み

まず、複数の差分イメージから作られるイメージの状態を「イメージレイヤー」とします。イメージレイヤーはReadOnlyなので変更されることはありません。そのイメージレイヤーの上にコンテナの変更可能な差分データを「コンテナレイヤー」として乗せて、両方をマージ（合体）させたものをコンテナにマウントするファイルシステムとして使います。図にあるようにイメージレイヤーのデータをコンテナレイヤーが上書きすることによって、マージされたレイヤーが作成されています。

コンテナがデータを読んだり書いたりするのはマージされたレイヤーに対してです。マージされたレイヤーは概念的なものなので、そこに対するデータの書き込み（図の赤矢印）はそれを構成するコンテナレイヤーに対して実施する必要があります。書き込みは新規作成（Write）と上書き（OverWrite）と削除（Delete）の3種類で、それらの操作をされると図の右のようにコンテナレイヤーに変更が反映されます。

作成や変更は単純ですが特徴的なのはイメージレイヤーに存在するファイルをマージレイヤーで削除した際の動きです。イメージレイヤーを変更することはできませんので、代わりにコンテナレイヤーに対して「ファイルを消しました」とホワイトノイズと呼ばれる目印を付けます。マージする際にイメージレイヤー上のファイルにたいしてコンテナレイヤーでホワイトノイズがあれば、そのファイルはマージされたレイヤーでは存在しないものとされます。

なお、Bindを含むボリューム機能は、OverlayFSで動作している領域上のディレクトリにマウントされるという形で動作しています。これはLinuxのルートファイルシステムの特定領域に外付けディスクをマウントしている状況と似ています。ボリュームの領域はOverlayFSで管理されていません。

4

Dockerfileで
イメージを作成しよう

Dockerfileの基本を知ろう

手動によるコンテナベースのアプリ開発／運用には手順書が欠かせませんが、手順書の不備や人的ミスにより継続的な開発／運用にトラブルが起きることも多いのです。何よりイメージの開発コストが大きくて負担となります。Dockerfileを使うことでイメージ作成を定義書通りに自動化できるため、これらの問題を解決できます。

◎ アプリ開発の流れとDockerfileの利点

　Dockerベースのアプリを作成するのであれば、DockerHubで提供される既存イメージを使うだけでなく、自分でイメージを作成する必要があります。これは2章で紹介した「コンテナを作成して、docker image commitコマンドでイメージ化」という手法でも実現できますが、「Dockerfile」と呼ばれる機能がイメージ開発では一般的に使われます。

　Dockerfileはイメージを作成するための手順書（設計図）であり、それを使った自動でビルド（イメージ作成）を実施する手法です。「docker image build」コマンドを使うと、Dockerfileに書かれた通りにDockerがイメージを自動で作成します。

　1～3章の内容をきちんと把握できているのであれば、Dockerfileの文法さえ覚えてしまえばビルドは実施できるようになります。ただ、そもそもどのような状況でDockerfileを使うかを理解していないと、「何となく使ってみました」という域を超えません。勘と自己流で正しい正しい使い方にたどり着くには時間がかかりますので、2章のcommitを使った開発スタイルと比較しながらDockerfileの使い所を説明します。

　まず規模の大小に関わらず開発には流れがあり、おおまかにシンプル化すると以下のようなものになります。

1. 既存の開発環境（自分のPC上）を整える
2. 開発環境上でコードを書いて動作検証。不足があればステップ1に戻る
3. 成果物ができたら、リリースの準備に入る
4. 新規に本番環境をセットアップするか、既存の本番環境に変更を加える

5. 開発の成果物を本番環境に移行し動作させる

6. 機能更新やインフラのアップデートが必要となり、ステップ1に戻る

　ここで着目してほしいのは、開発環境は必ずしもきれいな状態とは限らず、構築手順も確立されていないという点です。まったく新しいPCで構築手法が確立されたプロジェクトを開発すればきれいな環境となりますが、1〜2年ほど他のプロジェクトの開発に利用したPCで別プロジェクトの更新版サービスの開発を開始することもよくあります。サービスを構築する手順がわかっていたとしても、そのような関係ないアプリが多数インストールされている汚い環境を更新する際に通用するかはわかりません。つまり、本番環境でサービスを更新する際にトラブルが起きる可能性が高いのです。

　このような問題はDockerとDockerfileを使うことで解決できます。Dockerfileは先に説明したようにイメージを作成するための手順書ですので、そこに書かれた通りにイメージが「新規」に作成されます。日本語で書かれた手順書であれば曖昧な点があったり、オペミスによる構築失敗がありえますが、正しく書かれたDockerfileによるイメージ（アプリとその環境）の構築は必ず成功します。イメージの作成は常にクリーンな状態から行われ、それがコンテナとして展開される場合も新規の環境なので、変更などに気を配る必要はありません。

図4-1 ▶ **Dockerfile**を使ったイメージのビルド

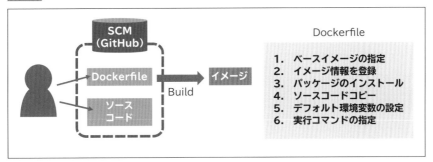

　似たような手法はDockerの登場前から実施されていますが、たとえば新規に展開された仮想マシンに対してシェルスクリプトで環境構築を行うのは時間と労力がかかります。アプリのコードに変更が発生したり、構築に失敗した場合にもう一度構築を実施するのは大変です。一方、DockerとDockerfileによるイメージ作成であれば、ビルドコマンドを使えば全自動でイメージ作成が始まりますし、ビルドに必要な時間は、後述するキャッシュ機能のおかげでスクリプトより圧倒的に短くなります。Dockerを導入したのであれば、開発にDockerfileを使わない理由はありません。

◎ アプリサーバーをDockerfileでビルドしてみよう

　ここからは実際にDockerfileを使いながら、利用法とともに利点の説明をします。2章で行ったFlask
のアプリサーバーの開発をDockerfileベースで実施します。まず準備としてアプリを構築するディレク
トリを作成してください。本書では名前をc4flask1とします。そこに以下の「server.py」というPython
プログラムを配置します。

リスト4-1　**/chap4/c4flask1/server.py**

```
import os, flask
PORT = int(os.environ['PORT'])
app = flask.Flask('app server')
@app.route('/')
def index():
  return 'hello Dockerfile'
app.run(debug=True, host='0.0.0.0', port=PORT)
```

　次に同じ場所にイメージを作成するための「Dockerfile」というファイルを作成します。ファイル名は
大文字小文字まで見ているので「dockerfile」でもなく「DockerFile」でもなく「Dockerfile」です。隠れた
ファイル拡張子が付いていないかも注意してください。

リスト4-2　**/chap4/c4flask1/Dockerfile**

```
From python:3.7.5-slim
Label author="myname@example.com"
RUN pip install flask==1.1.1
COPY ./server.py /server.py
ENV PORT 80
CMD ["python", "-u", "/server.py"]
```

　Dockerfileには1行ずつ命令を書き、上から下にビルド処理を実行していきます。各行は命令から始
まり、たとえば「From」はイメージのベースとなるイメージの指定となります。さほど難しくないので、
ここで上から順に各行の解説をしてしまいます。

- **From**：利用するイメージの宣言。**python:3.7.5-slim**をベースにイメージ作成
- **Label**：イメージに追加する表示情報。ここでは開発者（**author**）を**myname@example.com**とした
- **RUN**：発行するコマンド
- **COPY**：ファイルのコピー。ホストの**server.py**をイメージの**/server.py**に移動

- **ENV**：環境変数のデフォルト値の設定。run 時にオプションで上書き可能
- **CMD**：コンテナを起動したときに発行されるデフォルトのコマンド。run 時に上書き可能

　CMD命令の書き方は、角カッコ内にコマンドとオプションをカンマ区切りで並べるという記法が推奨されていますが、「CMD python -u /server.py」と書いても動きます。カンマ区切りで起動した場合は「python -u /server.py」コマンドでコンテナが起動されますが、後者の場合は「/bin/sh -c "python -u /server.py"」として起動されます。本書は推奨されるカンマ区切りの記法を使います。

　他の命令もあるのですが、それらの解説前に実際にイメージをビルドして作成します。イメージを作成するには「**docker image build -t <イメージ名> <Dockerfileのパス>**」コマンドを使います。「-t」オプションではイメージ名だけでなくタグ名も「イメージ名:タグ名」と指定でき、タグ名がない場合はデフォルトの latest となります。

　一般的には以下のように Dockerfile があるディレクトリに必要なファイルをまとめてしまい、そのディレクトリに移動した上で build コマンドを発行します。

図4-2 イメージのビルド

```
$ docker image build ./ -t c4app1
Sending build context to Docker daemon  3.072kB
Step 1/6 : From python:3.7.5-slim
3.7.4-slim: Pulling from library/python
8d691f585fa8: Already exists
中略
Status: Downloaded newer image for python:3.7.5-slim
 ---> a8c0694fba17
Step 2/6 : Label author="myname@example.com"
 ---> Running in ea9a7c79caf9
Removing intermediate container ea9a7c79caf9
 ---> 3485e56ea818
Step 3/6 : RUN pip install flask==1.1.1
中略
Successfully built 3dfa628c6de7
Successfully tagged c4app1:

$ docker image ls
REPOSITORY                        TAG              IMAGE ID          CREATED
SIZE
c4app1                            latest           3dfa628c6de7      13 seconds
ago      188MB
後略
```

　ビルド出力を見ると、Dockerfileの各行に「Step 1/6：イメージ取得」「Step 2/6：ラベル設定」「Step 3/6：pipコマンドでパッケージ取得」とあり、上から順番に実行されていることがわかります。これら

のステップでトラブルがあれば、残りのステップはスキップされて失敗となります。今回のように特に問題が発生しなければビルド成功（Successfully built）と表示され、イメージが作成されます。

作成したイメージをコンテナとして展開してみます。ブラウザで8080番ポートにアクセスして、「hello Dockerfile」と表示されれば成功です。コマンドのオプションで環境変数は指定していないものの、Dockerfileで「ENV PORT 80」としているのでコンテナにはデフォルトの環境変数が適用されています。

図4-3 ▶ コンテナの作成と停止

```
$ docker container run --rm -d -p 8080:80 --name myapp c4app1
9bc47f4229826d3666603e237aea10e92510d8fc744e6ab6eef672290f7aebf1

$ docker container stop myapp
```

確認できたらコンテナを停止／削除してください。今回は--rmオプションが付いているので、停止すればコンテナは自動削除されます。

◎ 差分キャッシュを使った時短ビルドを試してみよう

先ほど作成したアプリ「c4app1」に修正を加えて、もう一度イメージ化してみます。server.pyの「@app.route('/')」を「@app.route('/api/v1/hello')」に変更します。こうすることで、今までWebページのルート（一番上層）にアクセスしていた場合に応答を返していましたが、「/api/v1/hello」というパスでアクセスしたら応答を返すようになりました。

そしてイメージ名を「c4app2」と変更して再度ビルドします。

図4-4 ▶ イメージのビルド

```
$ docker image build ./ -t c4app2
Sending build context to Docker daemon  3.072kB
Step 1/6 : From python:3.7.4-slim
 ---> a8c0694fba17
Step 2/6 : Label author="myname@example.com"
 ---> Using cache
 ---> 3485e56ea818
Step 3/6 : RUN pip install flask==1.1.1
 ---> Using cache
 ---> 922c5c0f25fc
Step 4/6 : COPY ./server.py /server.py
 ---> 7a6dfb806872
Step 5/6 : ENV PORT 80
 ---> Running in 4e61ff89289e
中略
```

```
Successfully built 3b3240f43f7d
Successfully tagged c4app2:latest
```

　先ほどに比べてログが随分と短くなりましたし、実行時間も短くなったはずです。これは各ステップ（pipでのパッケージインストールなど）が前回の実施時から変更がないため、「Using cache（キャッシュを利用）」として前回の処理結果をそのまま利用するためです。時間がかかるpip処理などがスキップできるので、ビルドにかかる時間は大幅に短縮されます。

　2章で扱ったようにDockerのイメージは差分レイヤーで構築されています。実はDockerfileを使ったビルドはこのイメージの差分ファイルを積み上げることに相当します。1つ目の差分がpipでのパッケージのインストールで、2つ目の差分がCOPYによるファイル移動です。イメージに変更を加えるためには「可変な状態」にする必要があるので、コンテナに展開して処理を施し、その結果をイメージ化するということを各ステップで繰り返します。

図4-5 作業ごとに差分レイヤーを積み重ねるビルド

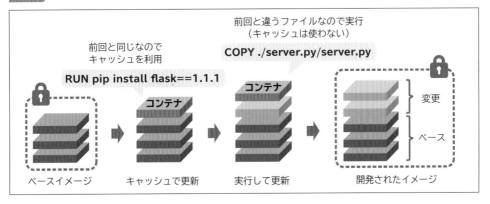

　ただし、出力のStep4/6を見ると、キャッシュの利用ではなく実際にCOPY命令が発行されています。これはCOPYするファイル（server.py）が変更されたので、前回の実行結果をそのまま利用できなくなったたまです。また、この処理以後に実施される処理（上位の差分レイヤーになる）は下位の差分レイヤー（COPYで作られたレイヤー）に依存するので、変更が発生したStep4/6以降の処理は、たとえまったく同じ処理を実施する場合であっても再実行されます。

　このキャッシュの仕組みを考えると、ビルド時間を短縮するには頻繁に変更が発生する箇所はDockerfileの後半に持ってくるのがよいことがわかります。たとえばpipでのパッケージインストールなどはアプリの大枠が決まってしまえば変更される機会が少ないので前半で実施すべきです。一方、ソースコードのコピーは開発時にソースコードが頻繁に変更されるので後半で実施すべきです。なお、キャッシュを利用したくない場合はビルド時にオプション「--no-cache」を加えます。

キャッシュを使うと必ずしも正しい結果とならない場合があることは覚えておいてください。たとえば**yum**や**pip**リポジトリからのパッケージインストールでは「リポジトリのパッケージのデフォルトバージョンが更新されても、キャッシュが効いたら昔のデフォルトバージョンがインストールされる」という状態になります。また、**Dockerfile**内で何らかのランダム処理（たとえば**UUID**の生成など）が実施されていると、ビルドごとに違う値となるべきものが毎回同じになるといった危険性もあります。

仕組みの話が長くなりましたが、新しく作成したイメージを起動して確認します。ソースコードの変更により、ブラウザでアクセスするページが「http://127.0.0.1:8080/api/v1/hello」に変わったことに注意してください。今まで通り「http://127.0.0.1:8080/」にアクセスすると、「Not Found」レスポンスが返ってきます。確認できたらポート開放のためにコンテナを停止／削除してください。

図4-6 コンテナの作成と停止

```
$ docker container run --rm -d -p 8080:80 --name myapp c4app2
1035b421a143f87d9a25c96482bbcd7c3a84112d74b2792e7fd1d182d00b3c62

$ docker container stop myapp
```

◎ ディレクトリのコピーと.dockerignore

　先ほどの例ではソースコードが1つしかなかったため、ファイル指定でホストからイメージにコピーをしました。ただし、いくつものファイルから構成されるアプリで1つずつコピーすると大変なので、ディレクトリごとホストからイメージコピーするという方法を使います。ここではnginxが配信するWebページをまるごとイメージに乗せるというシナリオで利用法を学びます。
ただし、ディレクトリまるごとのコピーは便利ですが、余計なファイルまでイメージにコピーしてしまうという問題点があります。その典型的なものがディレクトリの隠しファイル（どういったファイルが含まれるかなどが記載される）や、キャッシュなどの一時データです。具体的にはWindowsの「Thumbs.db」やMacの「.DS_Store」、それにpythonのキャッシュである「__pycache__」ディレクトリなどが相当します。この問題を解決するのが「.dockerignore」というファイルで、これをDockerfileが存在するディレクトリに配置しておくと、DockerfileのCOPY命令などの対象から指定した形式のファイルは除外されます。

　以下のファイルを開発用ディレクトリに配置してください。2つのアスタリスクとスラッシュに続けてファイル名を書くと、階層構造を無視してそのファイル名のファイルとディレクトリ（およびその配

下のすべてのファイル）を取り込まなくなります。

リスト4-3 /chap4/c4others/.dockerignore

```
**/__pycache__
**/.DS_Store
**/Thumbs.db
```

　続けてアプリの開発をしていきます。まず、「Dockerfile.local.yml」という空ファイルを作成してください。標準のDockerfileと名前が違うため「docker image build」コマンドで自動参照されませんが、buildコマンドのオプション「-f」でDockerfileとして指定することができます。開発用と本番用で異なるビルド方法をとりたい（たとえばコンパイルの最適化レベルやデバッグレベルの変更）といったシナリオで複数のDockerファイルを使い分けたい場合に便利です。

　Dockerfile.localに以下のビルド命令を記載してください。CentOS7にnginxをyumでインストールして、あらかじめ準備した静的なファイルを配置したイメージを作成します。機能紹介をするための無駄な命令ばかりですがご容赦ください。

リスト4-4 /chap4/c4others/Dockerfile.local.yml

```
From centos:7.7.1908
RUN rpm -ivh http://nginx.org/packages/centos/7/noarch/RPMS/nginx-release-centos-7-0.el7.
ngx.noarch.rpm
RUN yum -y install nginx
VOLUME /volume
EXPOSE 80
USER nginx
COPY ./html/ /usr/share/nginx/html/
USER root
ENTRYPOINT ["nginx"]
CMD ["-g", "daemon off;"]
```

　いくつかの新しい文法が使われていますが、まず着目してもらいたいのがCOPY命令です。コピー元としてDockerfileがあるディレクトリのhtmlディレクトリ（その中にHTMLファイルが含まれる）があり、コピー先としてnginxのデフォルトのHTMLディレクトリが指定されています。コピー元はDockerfileからの相対パスで指定し、コピー先は絶対パスで指定しています。ディレクトリごとのコピーは慣れていても階層を間違えてコピーしてしまうといったトラブルが多いのですが、上記の例にもあるように「コピー先のディレクトリ名（今回はhtml）と同じ名前のディレクトリをコピー元のホストに作成する」ことと、「コピー元のディレクトリとコピー先のディレクトリのパスの最後に/を付ける」ことを意識すればおおよそ想定通りに動くと思います。その際に先ほど.dockerignoreで指定されたファイル群はコピー対象から省かれています。

4

Dockerfileでイメージを作成しよう

⦿ ボリューム、公開ポート、ユーザー、ENTRYPOINT の設定

続けて新しい文法の解説をします。ここで利用されている新しい文法は以下となります。

- **Volume**：指定しなくても **Volume** が作成されてマウントされる領域
- **Expose**：外部に公開するポートの宣言
- **USER**：ユーザーの変更
- **ENTRYPOINT**：イメージのデフォルト実行コマンドを「強く」定義

3章ではボリュームをrunコマンドのオプションで使用しました（P.104参照）。Dockerimageで Volume命令を使うと「runのオプションでボリューム利用法の上書きが可能だが、オプションなしでも指定したコンテナの領域にボリュームを新規作成して利用する」という動きをします。たとえば本書で使うMySQLやJenkinsのコンテナでこの設定が使われており、両者は初回起動時に内部に状態を保存するファイル群をボリュームに保存します。データのバックアップをボリュームとして残すという意味と、ホスト領域を直接使うことでI/O性能を上げるという2つの意味があります。

Exposeはコンテナが外部に公開するポートの宣言です。「指定したポートにフォワードする」という意味ではないので、runする際にオプション-pを使わないとホスト外からコンテナに接続することはできません。

その次のUSER命令はコンテナが使うユーザーを変更するために利用します。通常のLinuxであればむやみなroot権限の使用は推奨されませんが、コンテナは閉じられた環境なのでrootユーザーとしてプロセスを実行することが多いです。自分で作成したイメージで意図的にユーザーをroot以外に変更する必要性はないでしょうが、コンテナ上にインストールして動かすアプリがrootユーザー以外を必要とする場合にこの機能を使ってください。

最後のENTRYPOINTはCMDと同じくコンテナ起動時に発行するコマンドですが、これを使うと「runする際にコンテナで実行するコマンドをデフォルトから変更すること」が難しくなります。サンプルではnginxをENTRYPOINTで設定し、オプションをCMDで指定していますが、こうするとrun時に与えるコマンドはnginxコマンドのオプションとして扱われます。そのイメージを開発者の想定以外の用途で使われることを防ぐというメリットはありますが、これは逆にいえばイメージの使い勝手が悪くなることを意味します。ここでは解説のためにENTRYPOINTを使用しましたが、runコマンドのオプションでENTRYPOINTの上書きも可能なので、明確な理由がない限りはENTRYPOINTは使わずにCMDを利用したほうがいいでしょう。

最後にこのコンテナのイメージをビルドする例を表示します。ファイル名がDockerfileではないため、ファイル名をオプションで指定しないとビルドに失敗します。ファイル名の指定には「-f」オプションを利用します。

図4-7 イメージのビルド

```
$ docker image build -f Dockerfile.local.yml -t mynginx ./
Sending build context to Docker daemon  8.704kB
Step 1/9 : From centos:7.7.1908
中略
Successfully built a96070631192
Successfully tagged mynginx:latest
```

以上でnginxのコンテナが展開されて、HTMLのページが配信されているはずです。

COLUMN | 圧縮ファイルを配置する

今回は展開されたディレクトリをイメージにコピーするという手法をとりましたが、ADD命令でtarや tgz（tar.gz）で固められたファイルをイメージ上に展開して配置することもできます（zipで固められたファイルは展開されないので注意してください）。わざわざファイル群を固めるという手間が発生するのであれば、素直にCOPY命令を利用してコピーするほうが簡単でトラブルも少ないです。

図4-8 ADD命令の利用例

```
ADD html.tar.gz /usr/share/nginx/
```

4

Dockerfileでイメージを作成しよう

Docker向けの小さいイメージを作成してみよう

Dockerのイメージはレジストリ（**DockerHub**など）とネットワークを経由して**Push/Pull**されます。大きなイメージだとやりとりの負担がかかり、イメージの展開速度が遅くなります。そのため開発するイメージは小さく保つことが重要です。開発イメージのベースに軽量な**OS**イメージを選び、その上に小さいサイズのアプリを乗せることが推奨されます。

◎ **Alpine Linux**で**Go**言語のアプリサーバーを作成してみよう

DockerやKubernetesで使うイメージはレジストリ（Docker-Hubなど）のリポジトリ（CentOSなど）から取得（ダウンロード）しますし、自分のイメージを保存する場合は自分のリポジトリに登録（Push、アップロード）します。取得や登録の通信は当然ながらネットワーク（インターネット）を経由するので、数ギガもあるイメージを作ってしまうとレジストリとDockerホストのイメージのやりとりに大きく時間がかかるようになり、迅速な展開やビルドができなくなるかもしれません。

豊富なインターネット帯域と、それほど頻度の高くないビルドと登録／取得操作であれば問題ありません。ただ、次章のDockerを使ったCI/CD（DevOps）などを行うのであれば、頻繁にビルドをしてレジストリに登録／取得を繰り返します。イメージサイズが無駄に大きいと、自動化されているとはいえ作業コストが増加するので「すぐに開発した結果が見られない」「デプロイが間に合わない」といった問題が発生し始めます。これらの理由からDockerやKubernetesで使うイメージは「サービスに必要なデータのみを乗せた軽量なもの」がよいとされています。

自分で開発するイメージはCentOSやUbuntuといった汎用OSを使って構築されることがありますが、これらのOSのイメージは100MBから200MBほどのサイズがあります。ベースとなるイメージのサイズが大きいので、自分で開発するイメージのサイズをこれ以上小さくすることはできません。こういった問題に対応するため、Dockerでは超軽量なLinuxが好まれて使われています。先の章で紹介した「Alpine Linux」や元祖軽量Linuxである「Busy Box」などが有名です。参考として本書執筆時点（2020年6月）でのDockerイメージのサイズ比較を記載します。

・ **centos:7.6.1810 : 202MB**

- **ubuntu:18.04 : 64.2MB**
- **alpine:3.10.3 : 5.55MB**
- **busybox:1.31.1 : 1.22MB**

　Alpine Linuxは現代的なLinuxらしい操作が可能でありながら、5.5MBと極小サイズとなっています。Busy Boxはそれを下回る1.2MBという超極小サイズですが、機能が少ないため多少不便さを感じる場面が多いです。4MBの差のために利便性を失うのはよくないので、きちんとしたコンテナの作成には**Alpine Linux**が用いられることが多いようです。なお、「サイズが問題となる場合」はAlpine Linuxの利用を検討するのがよいでしょうが、操作に慣れているOSで開発効率を優先するのであればCentOSやUbuntuの利用で構いません。実際にはPush/Pullにはキャッシュが効くのでネットワーク上を流れるのは新規以外は差分データのみとなり、大きなイメージでも問題とならない場合がほとんどであるためです。

　説明が長くなりましたが、この節ではコンテナでのアプリ開発によく利用される「Go言語」を使ったWebサーバーをAlpine上で展開し、どれほどイメージのサイズを小さくできるか実験します。Go言語はモダンなC言語のようなプログラミング言語で、小さく高速なイメージを作成したい場合によく利用される言語です。

　以下にGo言語のWebサーバーのサンプルコード（main.go）を記載します。簡単に説明すると、前半はデータなどの宣言であり、後半で「/」に対するアクセスに「hello go」と応答する処理（関数）を、ハンドラとして簡易HTTPサーバーに登録しています。環境変数などは割愛して、コンテナのポート80の利用を前提としています。Pythonとは言語が違うのでコードの見た目は大きく異なりますが、今までFlaskでやってきたことと大差はありません。

リスト4-5 ▶ **/chap4/c4stage1/main.go**

```
package main

import(
  "net/http"
  "fmt"
)

func main(){
  http.HandleFunc("/",
    func(w http.ResponseWriter, r *http.Request){
      fmt.Fprintf(w, "hello go")
    })
  http.ListenAndServe(":80", nil)
}
```

4

Dockerfileでイメージを作成しよう

このコードをコンパイルして、サーバーとして実行するDockerfileは以下となります。Alpine Linux のイメージに自分でGo言語開発環境をインストールしてもよいのですが、Go言語の公式イメージに Alpine版があったのでそれを利用しています。

リスト4-6 **/chap4/c4stage1/Dockerfile**

```
From golang:1.13.4-alpine3.10
WORKDIR /src
COPY ./main.go /src
RUN go build -o /usr/local/bin/startapp main.go
WORKDIR /
CMD ["/usr/local/bin/startapp"]
```

新しいDockerfileの文法として「**WORKDIR**」を使っています。名前からわかるかもしれませんが、この命令に続けたディレクトリが、以後の命令では作業ディレクトリ（working directory）となります。コンパイル作業を行うために/srcというディレクトリ（なければ作られる）に移り、そこにGo言語のプログラムをコピーして、「go build」コマンドでコンパイルして実行ファイル（バイナリ）を「/usr/local/bin」に作成しています。そして実行ファイルのビルド後に作業ディレクトリをルートに戻して、CMD 命令でコンテナ実行時にデフォルトで作成した実行イメージを起動するようにしています。

それでは、ビルドしてイメージを作成し、コンテナを起動してください。

COLUMN | **WORKDIRに関わるよくあるトラブル**

WORKDIRに関わるトラブルとしてよくあるものが、「RUN命令のcdコマンドで任意のディレクトリに移る」という操作です。先ほど説明したようにDockerfileの作成では差分イメージを積み重ねて変更を加えていくため、1階層ごとにコンテナの起動と停止（イメージ化）を繰り返しています。cdコマンドで階層を移したとしても、コンテナを停止して上積みされたイメージで起動すると、起動時のデフォルトのディレクトリに戻ってしまいます。そのため、前の行のRUN命令でcdによりディレクトリを移動したという状態が、次の行のRUN命令に反映されません。WORKDIRを使って階層移動することが望ましいですが、1つのRUNコマンド内の処理は同時に実行されるので「RUN cd /usr/local; touch hello.txt」などとすれば、touchコマンドは変更されたディレクトリで実施されます。

図4-9 イメージのビルド

```
$ docker image build ./ -t c4app3
Sending build context to Docker daemon  3.072kB
Step 1/6 : From golang:1.13.4-alpine3.10
中略
Successfully built 0593986fc870
Successfully tagged c4app3:latest

$ docker container run --rm -d -p 8080:80 --name myapp c4app3
d94c9ea8b8c2544bd18e15a474475fd7b810b0bb87f65266185bbc22924a18f4
```

　ビルドで作成されたイメージのサイズを確認してみます。AlpineとGo言語を利用しているとはいえ、サイズが367MBとかなり大きくなってしまっています。先ほどまで利用していた公式のPythonイメージ（3.7.5-slim）はおよそ180MBほどでしたので、その2倍以上です。

図4-10 イメージサイズの確認

```
$ docker image ls
REPOSITORY                     TAG             IMAGE ID        CREATED
SIZE
c4app3                         latest          0593986fc870    5 minutes
ago        367MB
後略
```

　実はこれはサイズの大きなGo言語のコンパイラがAlpine Linuxのイメージ上に存在しているためです。Alpineと作成された実行ファイル自体は小さいのですが、コンパイラが大きいためサイズが大きくなってしまっています。この問題は次のステージングビルドで解決できます。

◎ ステージングビルドで容量削減してみよう

　C言語やJava言語はプログラムを実行する場合は、まずコンパイルを実施してソースコードをバイナリ形式の実行ファイルに変換します。そしてそのバイナリの実行ファイルを実行します。前回利用したGo言語もまったく同じです。

　Dockerのコンテナはサービスを動かすためのものなので、実行ファイルを動かすことがメインの仕事です。ソースコードのコンパイルは実行ファイルの生成には必要な作業ですが、サービスを動かすコンテナ（イメージ）が行う必要はありません。

　Dockerfileにはステージングビルドという仕組みがあります。それを使うことで「イメージ作成に必要な作業を別のコンテナで実施」し、「作業用コンテナで作成したイメージから本番用イメージで使う

データを持ってくる」ことができます。今回のGo言語のアプリ開発の例では、

- 1つ目のAlpine版のGo言語イメージでソースコードをコンパイルしてバイナリの実行ファイルを生成する
- 2つ目のイメージはバイナリの実行イメージを1つ目のイメージから取得し、それでサーバーを起動する

という流れで、大きなコンパイラを持たない軽量なイメージ（2つ目）を作成できます。以下にビルド用のAlpineから本番用のAlpineにバイナリ移す例と、次に紹介するScratchに移す例を示す図を記載します。

図4-11 **作業用コンテナを使うステージングビルド**

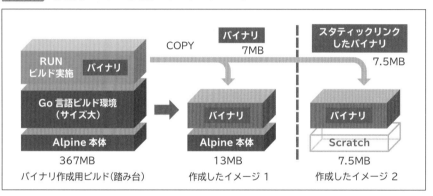

先ほどとまったく同じGo言語のソースコードを使って、以下のDockerfileでアプリサーバーを作成します。

リスト4-7 **/chap4/c4stage2/Dockerfile**

```
From golang:1.13.4-alpine3.10 as builder
WORKDIR /src
COPY ./main.go /src
RUN go build -o start_appserver main.go

From alpine:3.10.3
COPY --from=builder /src/start_appserver /bin/start_appserver
CMD ["/bin/start_appserver"]
```

命令自体に新しいものはありませんが、前半のFromでは「**as builder**」として1つ目の作業イメージ（踏み台）に名前を与えています。成果物となる2つ目のイメージ作成（後半）のCOPY命令では

「**--from=builder**」として、Dockerホストではなく1つ目のイメージで作成したバイナリファイルをイメージ内部にコピーしています。こうすることでコンパイル作業に必要なパッケージなどを2つ目の本番用イメージから排除しつつ、コンパイルされた成果物を使うことができます。このイメージをビルドし、コンテナ化します。先ほどのコンテナが残っていれば停止／削除しておいてください。

図4-12 イメージのビルド

```
$ docker image build ./ -t c4app4
Sending build context to Docker daemon  3.072kB
Step 1/7 : From golang:1.13.4-alpine3.10 as builder
中略
Successfully built ecc48cc0b215
Successfully tagged c4app4:latest

$ docker container run --rm -d -p 8080:80 --name myapp c4app4
cb6c834835a38f7ae5c1aa31cdae927261d5ba1376a9d6ae73dcd800a667f687
```

ブラウザでアクセスすれば先ほどの367MBのイメージと同じ結果が得られるはずです。イメージのサイズと、Go言語で作られた実行ファイルのサイズを確認してみます。

図4-13 イメージのサイズ確認

```
$ docker image ls
REPOSITORY                      TAG             IMAGE ID        CREATED
SIZE
c4app4                          latest          ecc48cc0b215    About a
minute ago    13MB

$ docker container exec myapp ls -lh /usr/local/bin/startapp
-rwxr-xr-x   1 root     root        7.1M Nov 16 13:50 /bin/startapp
```

成果物のイメージサイズは367MBから大幅に縮小され13MBとなっています。これは成果物のバイナリサイズ（7.1MB）と、ベースとなったAlpineのサイズ（5.55MB）の合計値です。

◎ バイナリアプリのみのコンテナを作ってみよう

先ほどのステージングビルドを利用すると、バイナリファイルを実行するだけのイメージを簡単に作成できます。AlpineなどのLinux（OS）の上にアプリのバイナリを乗せて動かすのではなく、**OSを搭載しないイメージ**（**Scratch**と呼ばれる）の上にバイナリを乗せてそれを起動するということです。ちなみに、このScratchはイメージの親子関係（今までに作ったFlaskアプリの親がPythonイメージ）における

原点となります。すべてのイメージはScratchから作成されたか、Scratchを使って作成されたイメージから作成されています。

　Scratch上にアプリのバイナリを置いてしまうとbusyboxを超える超軽量イメージを作れますが、Linuxの機能を使うことができないのでトラブル発生時の調査などが面倒になります。積極的な利用は推奨しませんが、たまに利用されるのでここで紹介します。先ほどのGo言語のプログラムを使って、Scratch上にバイナリを置いただけのイメージを作成します。そのDockerfileは以下となります。

リスト4-8 **/chap4/c4stage3/Dockerfile**

```
From golang:1.13.4-alpine3.10 as builder
WORKDIR /src
COPY ./main.go /src
RUN CGO_ENABLED=0 GOOS=linux GOARCH=amd64 go build -a -installsuffix cgo -o startapp
main.go

From scratch
COPY --from=builder /src/startapp /startapp
CMD ["/startapp"]
```

　ステージングビルドを使って実行ファイルを作り、それを本番用のイメージに乗せています。踏み台となるイメージでのビルド（RUN命令）ではアプリを外部ライブラリに依存しないように静的リンク指定をしています。こうすることで作成されるバイナリに必要なファイルがすべて取り込まれます。そのようにして作成した実行ファイルをScratchイメージに対してコピーしています。Dockerfileをビルドしてイメージのサイズ確認を行います。

図4-14 **イメージのビルド**

```
$ docker image build ./ -t c4app5
Sending build context to Docker daemon  3.072kB
Step 1/7 : From golang:1.13.4-alpine3.10 as builder
中略
Successfully built 8f49ebcbe3f8
Successfully tagged c4app5:latest

$ docker image ls
REPOSITORY          TAG          IMAGE ID          CREATED          SIZE
c4app5              latest       8f49ebcbe3f8      3 minutes ago       7.4MB
```

　先ほどまでのバイナリファイルは7.1MBあったので、そこに静的リンクでライブラリ分が0.3MB上積みされ、合計7.4MBのバイナリファイルが作成されています。OSは存在しないので、イメージのサイズがバイナリのサイズです。

◎ Dockerfileを作るコツ

◎ 先に手動で手順を確認する

　本節の最後にDockerfileをどのようにして作成するか、コツのようなものをお伝えします。使ったことのないソフトウェアを導入するための手順書をいきなり作成することはできません。それと同じように使い方をよく知らないアプリやフレームワークを使うDockerfileをいきなり作成することはできません。たとえば本書を読まれている多くのユーザーは6章で使うJenkinsの構築経験はないでしょうから、それを展開するDockerfileをいきなり書くことは難しいと思います。自分が手動で展開できないものはDockerfile上の手順に落とし込むことはできません。

　たとえば私が本書の6章で利用しているDocker用のJenkinsを作成するには、「Jenkins自体のディレクトリ構成を調査してから、ベースとする公式のJenkinsのDockerfileやそれに使われているスクリプトを読み、公式イメージを展開してbash操作しながら追加機能を加えていく」というステップで行いました。何となくDockerfile内で実施すべき処理が見えてきてからはじめてDockerfileを書き始め、ビルドとテストをしながら少しずつDockerfileを成長させていきました。このDockerfile自体の開発は次章で紹介するComposeを使うと少ないコマンドで行えるため効率がよいです。暗中模索状態でDockerfileを作るのではなく、手動での構築手順を確立した上でテストしながら少しずつDockerfileを開発してください。ビルドには中間イメージのキャッシュが効くので時間はかからないはずです。

◎ 無駄な差分イメージを減らす工夫をする

　Dockerファイルに書くRUNコマンドやファイルのコピー方法などには配慮が必要です。何度もいっていますが、Dockerfileの各行は差分イメージの積み重ねです。無駄に差分イメージが増えることを防ぐために「複数のコマンドを見やすく同時に発行」したり「コピーはファイルごとではなく、ディレクトリごとに行う」といったテクニックを使ってください。たとえば、yum（aptもほぼ同じ）で複数のパッケージを導入するのであれば、パッケージごとにyumコマンドを繰り返すのではなく「最初にupdateして、パッケージをまとめてインストールし、最後に不要なキャッシュを消す」ということを1つのコマンドで実施するのが一般的です。以下のRUNコマンドはDockerfile内では命令を複数行に分けて記述していますが、「&&で前のコマンドが成功したら次のコマンドを発行」という指定と「バックスラッシュにより改行してもコマンド文を継続する」という記法を使っているので、1つのRUN命令ですべてのコマンドが実施されます。1つのRUN命令で実施するということは、1つの中間イメージ（差分イメージ）しか作成されないということなので、イメージの合計サイズを減らすという意味で重要なテクニックです。

図4-15 1つの RUN 命令ですべてのコマンドを実施する例

```
RUN yum update \
    && yum install -y \
       package-bar \
       package-baz \
       package-foo \
    && rm -rf /var/cache/yum/* \
    && yum clean all
```

　上記の命令ではyum installコマンドにオプション「-y」を与えています。これで「インストールしますか？（yes/no）」というユーザー入力へのリクエストをなくしています。Dockerfileでのビルド中にユーザー入力は使えないので、そういったレスポンスを控えるようなオプションは積極的に利用してください。オプションでユーザー入力が回避できない場合はパイプやリダイレクト、yesコマンドなどの力技による対応もできます。インストールするパッケージ（上記のpackage-fooなど）の指定はアルファベット順を指定することがDockerでは推奨されています。

　また、3章のストレージの仕組みで扱いましたが、ユニオンファイルシステム（先に説明したOverlayFSのような仕組みのファイルシステムのこと）では下のレイヤーのファイルを上のレイヤーで消しても、下のレイヤーにはデータは残ったままとなります。そのため、命令を分けて「RUN yum install ...」に続けて「RUN yum clean all」とすると、下のレイヤーのイメージサイズは減らずに、上のレイヤーで「下のレイヤーのファイルを消した」という情報が増えるので合計サイズが増えてしまいます。そのため、ゴミ掃除のコマンドは必ず同じRUNコマンド内で実施するようにしてください。Dockerfileを書く際は常にイメージのレイヤー構造を意識することが必要です。

◉ 実行コストが高いコマンドは独立させる

　ただし、注意が必要なのは、RUNコマンドに発行するコマンドを大量に詰め込むのが常によいかといわれれば、必ずしもそうではない点です。キャッシュのことを考えると実行コストが高いコマンド（大きいパッケージのインストールなど）は、そのゴミ処理コマンドなどを除けば他のコマンドから独立させるべきです。数十コマンドを1つのRUN命令の中に書いていると、1つのコマンドを変更したら他のコマンドもビルド時にすべて再実行されてしまいます。これではキャッシュが効かなくなるのでビルド実行時間が延び、試行錯誤段階のDockerfileの開発効率が非常に悪くなります。RUNコマンドで「独立していてコストの高いコマンド」をファイルの前方で実行しておけば、後ろのRUN命令で小さなコマンド変更をしたとしても、前方のコストが大きいコマンドはキャッシュが効いてスキップされます。

　他にはPushとPullで同一の中間イメージが使われるので、更新版イメージのダウンロード／アップロードの容量も大幅削減されやすくなるというメリットもあります。極限まで命令を削ることはせず、長期的にメンテナンスしやすいDockerfileを作成してください。

コンテナ上のアプリを
正しく動かそう

Dockerイメージを開発するにはイメージの正しい設計を知る必要があります。Dockerコンテナ
上のアプリは、OS（ベアメタルか仮想マシン）の上に直接構築されるアプリとは動きかたが違い
ます。Dockerらしいアプリの設計と、独特な停止シグナル処理、よく利用されるsupervisorと
いうツールについて紹介します。

◎ アプリをPID1として起動しよう

　Dockerイメージは動かしたいアプリを「デーモン（バックグラウンドのサーバー）」として動かすので
はなく、そのアプリを直接動かすのが基本です。一般的なLinuxのアプリはデーモンとして起動するこ
とが多く、たとえばnginxをCentOS7に直接インストールするのであれば「yumでインストールしたあ
とに、systemctlコマンドでenable（自動起動設定）し、start（その場で開始）する」という設定にします。
一方、Dockerでcentosのコンテナ上にnginxをインストールした場合は、systemctl経由でnginxを起
動させるのではなく、直接nginxを起動させるのが一般的な利用法です。nginxの公式イメージの
Dockerfileをのぞいてみても、デフォルトの起動コマンドは「CMD ["nginx", "-g", "daemon off;"]」と定
義されています。

　起動方法の違いは、一般的なLinuxが「すべてのプロセスの原点となるinitプロセスが起動されOSと
して動作する」動きをとるのに対して、Dockerは「起動時のコマンドがすべてのプロセスの原点となる」
という動きをするためです。親プロセスが停止するとそれに作られた子プロセスも停止するので、最初
のプロセス（PID1：Process ID 1）が停止することはOSやコンテナの停止を意味します。Linuxであれば
initが停止するのはシャットダウンされるときですが、コンテナのPID1は最初の実行コマンドなのでコ
マンドによっては簡単に終了されてしまいます。つまりデーモン（アプリ）が動いていてもPID1のプロ
セスが終了するとコンテナが停止してしまうので、一番重要なアプリをデーモンとしてではなくPID1
として起動するのが基本となります。

　このPID1が停止するとコンテナが停止するという動きは、centos7のイメージをbashコマンドで起
動してexitで抜けるとコンテナが停止することからもわかります。コンテナでない普通のLinuxであれ
ば、コンソールでbashに入りexitしても停止はしません。

図4-16 bashを抜けるとコンテナが停止する

```
$ docker container run -it --name centos centos:7.7.1908 bash
[root@cb35fa8d2481 /]# ps
  PID TTY          TIME CMD
    1 pts/0    00:00:00 bash
   15 pts/0    00:00:00 ps
[root@cb35fa8d2481 /]# exit
exit

$ docker container ls -a
CONTAINER ID  IMAGE           COMMAND  CREATED        STATUS                  PORTS
NAMES
cb35fa8d2481  centos:7.7.1908 "bash"   26 seconds ago Exited (0) 10 seconds ago
centos
```

systemctlコマンドなどでアプリをデーモン化しない理由は理解していただけたかと思いますが、他に気を付けないといけないのが、アプリがシェルの子プロセスとして起動されてしまうというシナリオです。子プロセスとして起動されるとアプリがPID1になりません。本書でnginxをリバースプロキシとして使う場合のように、シェルスクリプト経由でアプリを起動する場合も注意が必要です。Dockerfileで「CMD /usr/local/bin/entry.sh」として以下のスクリプト経由でnginxを起動するとします。

リスト4-9 /chap4/c4pid1/start.sh

```
#!/bin/sh
echo "start nginx"
nginx -g "daemon off;"
```

POINT

shファイルはLinuxのコマンドとして動作するため、改行コードがLFになっている必要があります。Windowsは改行コードがCRLFなので、エディタの設定などでLFに変更してください。

このシェルスクリプトを起動するコンテナを開始すると、プロセスは以下のようにシェルスクリプトがPID1となり、それが起動するnginxはPID2以降となります。そうなると次に説明するSIGTERMの処理などに問題が発生します。

図4-17 nginxがPID1にならない

```
$ docker container run --rm -d c4pid1
fffc6cd027c616876b448529ca3858e97936a7099e3601fb832e29889fe52e2b
```

```
$ docker container exec fffc6cd ps
PID   USER      TIME  COMMAND
   1 root       0:00 {start.sh} /bin/sh /usr/local/bin/start.sh
   7 root       0:00 nginx: master process nginx -g daemon off;
```

第2章のリバースプロキシーの例 (P.75参照) のようにシェルスクリプトで「exec nginx -g "daemon off;"」とすれば、シェルスクリプトのPID1をnginxが引き継いでnginxプロセスがPID1となります。

図4-18 **execで起動するとnginxがPID1になる**

```
$ docker container run --rm -d c4pid2
0ec6d7de9c4158ddbec80a8fbb954cb138db2456185c61c4445030d554e36cbe

$ docker container exec 0ec6d7de ps
PID   USER      TIME  COMMAND
   1 root       0:00 nginx: master process nginx -g daemon off;
```

他にはDockerfileのCMD命令にも気を付ける必要があり、本書で推奨していないカンマ区切りでない指定方法 (たとえば「CMD python -u /server.py」) で書くと、先に説明したようにコンテナはそれを「/bin/sh -c "python -u /server.py"」などと解釈して起動します。つまり、PythonがPID1ではなく、/bin/shがPID1になってしまうということです。

以下にこの節の残りで扱うシグナル (次項で解説) を正しく処理するための設計例を記載します。

図4-19 **2番目以降のメインプロセスのシグナルの処理方式**

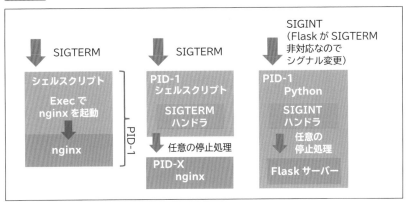

図の一番左は先ほど紹介したシェルスクリプトとexecを使ったPID1の引き継ぎ方式です。PID1としたいメインのサーバープロセスの起動前に前処理をしたいシナリオで、シェルスクリプトとexecの併用は非常に便利です。中央がシェルスクリプトのシグナルハンドリングを使った停止処理の概念図で、

一番右がシグナルの種類を変更してハンドルする手法の概念図です。

◎ 終了シグナルをハンドルしてアプリを安全に停止させよう

◎ シグナルとは

　説明が前後しますが、シグナルはプロセスに対して「停止しろ、割り込みが発生」などと命令を伝えるための仕組みです。Dockerもコンテナの停止処理にシグナルを使っており、コンテナに対してstop処理（docker container stopコマンド）が実施されるとPID1のプロセスに対してシグナル「SIGTERM」が送られます。この依頼に対してPID1のプロセスが自分自身で停止処理を開始することが期待されますが、SIGTERMをどのように処理するかはプロセスに依存しています。

　Pid1のプロセスがSIGTERMを受けた際の停止処理がきちんと実装されていない場合は、SIGTERMが無視されるので、Dockerが10秒後に改めてPID1のプロセスにシグナル「SIGKILL」を送って強制停止します。この操作はパソコンでいえば電源強制オフに相当する操作なので、これを受けたPID1は必ず停止し、PID1を失ったコンテナは他のPID（すべてPID1の子供プロセス）を動かしていても停止されます。状態を持たないアプリを開発している場合は、SIGKILLで雑に停止してもさほど問題はありません。ただし、データベースを使うデリケートなアプリは雑に停止されてしまうと、データの不整合などが発生する可能性があります。そのようなコンテナはSIGTERMを受けたら、何らかの手法で安全に停止（Graceful Shutdown）させることが必要です。

　ここでは今まで何度も登場したWebサーバーとアプリサーバーを題材に終了シグナルの扱いを説明します。まず、Webサーバーでは起動時にシェルスクリプトを使って必要な前処理（設定ファイル作成）を行った上で、最後に目的のアプリ（nginx）を立ち上げています。先に説明したようにexecコマンドでアプリを立ち上げないと、アプリ自体がPID1とならないためSIGTERMを受けられなくなり、結果としてSIGKILLで強制停止されてしまいます。

◎ trapコマンドでハンドルする

　シェルスクリプトで独自のSIGTERM処理を実装したい場合はtrapコマンドが使えます。以下の例のようにSIGTERMを受け取った際の処理を関数（今回はhandle）として定義し、それをtrapコマンドでSIGTERMを受け取った際に実施する処理として登録します。そのままアプリのプロセスをexecで立ち上げるとシグナルを奪われてしまうので、コマンド後に「&」を指定してバックグラウンドプロセスとし、PID1のシェルスクリプトはwaitコマンドで待ちに入ります。

リスト**4-10** **/chap4/c4signal1/start.sh**

```sh
#!/bin/sh
handle () {
  echo 'handle sigterm/sigint'
  exit 0
}
trap handle TERM INT

nginx -g "daemon off;" &
wait
```

このスクリプトで起動したコンテナに対して「docker container stop」を実施すると、PID1のシェルスクリプトにSIGTERMが送られて、それをトリガとして関数handleが呼び出されて独自の停止処理が行われます。今回はechoコマンドのメッセージが出力されexit関数で停止処理をしていますが、ここにアプリに応じた停止処理を実装してください。

◉ アプリサーバーの終了処理

WebサーバーのSIGTERM対応について扱いましたので、次にアプリサーバーのPythonのFlaskを終了シグナルに対応させます。残念なことに現時点のFlaskは「SIGINT（割り込み）」を受けた際の処理は定義できるものの、**SIGTERMの処理は定義しても無視されてしまいます**。他のアプリでも似たような例は多くあり、SIGTERMではなく「SIGQUIT」が必要なものもあります。

このような状況では、コンテナ停止時のシグナルをデフォルトのSIGTERMから他のシグナルに変更することで、アプリにシグナル処理を実行させるという回避策が使えます。なお、SIGTERMに対応しておらずSIGKILLして問題ないコンテナであれば、終了シグナルをSIGKILLに変更して10秒の待ちなしで強制停止しても構いません。

それでは終了シグナルをSIGINTに変更して、Flaskでそれを処理する実装をしてみます。まずDockerfileで停止時のシグナルを**STOPSIGNAL命令**で定義します。

リスト**4-11** **/chap4/c4signal2/Dockerfile**

```
From python:3.7.5-slim
RUN pip install flask==1.1.1
COPY ./server.py /server.py
ENV PORT 80
STOPSIGNAL SIGINT
CMD ["python", "-u", "/server.py"]
```

コンテナ停止リクエストが走るとSIGINTが飛ぶようになったので、FlaskのプログラムでSIGINTを受

けたら停止する処理を実装します。これはPythonの実装ですが、使う言語やフレームワークに合わせて利用法を変えてください。

リスト4-12 **/chap4/c4signal2/server.py**

```python
import flask, os, signal, sys
PORT = int(os.environ['PORT'])

def handle_signal(signal_number, stack_frame):
  print(f'graceful shutdown. sig number:{signal_number}')
  sys.exit(0)
signal.signal(signal.SIGINT, handle_signal)

app = flask.Flask('app server')
@app.route('/')
def index():
  return 'hello stopsignal'
app.run(debug=True, host='0.0.0.0', port=PORT)
```

基本的にはシェルスクリプトのtrapコマンドと大差ありません。シグナルを受けた際に実行する処理を関数にまとめ、その関数をシグナルを受けた際の処理として登録します。ここでは関数handle_signalで停止時の処理を定義し、signalモジュールのsignal関数でSIGINTシグナルを受けた際の処理として登録しています。今回はメッセージ出力してプロセスを停止する乱暴な処理ですが、ここにアプリを安全に停止するための処理を実装してください。

◎ supervisorで複数の子プロセス（アプリ本体）を管理しよう

Dockerの基本は1コンテナに1プロセス（nginxのようなマルチプロセスで動く1つのアプリも含む）です。ただし、結びつきが強い2つ以上のアプリを1つのコンテナにまとめて動かしたいというシナリオもあり、よくあるのがメインのプロセスと、そのメインを補助するプロセスという構成です。別々のコンテナに分けてコンテナ間の連携でこの関係を実現することも可能でしょうが、同じコンテナに乗せてしまったほうがシンプルな場合も多いです。

このようなシナリオでは「**supervisor**」という他のプロセスを管理するソフトウェアを使うことが一般的です。起動プロセス（PID1）としてsupervisorを使うことで、複数のアプリを同時に起動させるだけではなく、特定プロセスの異常停止した際にそれを再起動させたり、シグナルをアプリのプロセスまで届けてくれるといった処理をしてくれます。同じことをシェルスクリプトで実現するのは手間がかかるのでおすすめしません。

ここではSSHサーバーとnginxの両方の役割を果たすCentOS7イメージの作成を通してsupervisorの利用法を学びます。CentOS7へのsupervisorのインストールにはyumを使います。Dockerfileは以

下のようなものとなります。

リスト4-13 **/chap4/c4supervisor/Dockerfile**

```
From centos:7.7.1908
RUN yum install -y epel-release \
    && yum install -y http://nginx.org/packages/centos/7/noarch/RPMS/nginx-release-
centos-7-0.el7.ngx.noarch.rpm \
    && yum -y install nginx openssh-server supervisor \
    && rm -rf /var/cache/yum/* && yum clean all
RUN ssh-keygen -A
COPY supervisord.conf /etc/supervisord.conf
EXPOSE 22 80
CMD ["/usr/bin/supervisord", "-c", "/etc/supervisord.conf"]
```

supervisorをインストールするためにCentOS7のepel-releaseリポジトリを取り込み、nginxのリポジトリも登録しています。そしてyumでsshdとnginxおよびsupervisorをインストールし、sshd用の鍵も生成しています。そのあとでsupervisorの設定ファイルを取り込み、CMD命令でsupervisorを起動プロセスとして立ち上げます。

COPY命令で取り込んだsupervisorの設定ファイルは以下となります。一番上にsupervisor自体の設定を書き、その下に動かすプロセス（sshdとnginx）を定義しています。

リスト4-14 **/chap4/c4supervisor/supervisord.conf**

```
[supervisord]
nodaemon=true

[program:sshd]
command=/usr/sbin/sshd -D
autostart=true
autorestart=true

[program:nginx]
command=/usr/sbin/nginx -g "daemon off;"
autostart=true
autorestart=true
```

supervisorの「**nodaemon=true**」はフロントで実行するための指定です。これを書かないとsupervisor自体もバックグラウンドで実行され、コンテナのPID1が消失してコンテナが停止します。各プロセスのcommand命令はプロセス起動に利用するコマンドで、その後ろの**autostart**と**autorestart**は名前の通り自動起動と自動再起動の設定です。両方とも有効にしています。詳しい使い方はsupervisorのドキュメントを参照ください。

イメージをビルドして起動します。

図4-20 イメージのビルド

```
$ docker image build -t c4supervisor ./
Sending build context to Docker daemon  11.26kB
中略
Successfully built 52131006a75d
Successfully tagged c4supervisor:latest

$ docker container run -d -p 10022:22 -p 8080:80 --name c4supervisor c4supervisor
cbc00d8988604afd39bd97441adc06b0eb437e5e4382751b892b4c9bb5216e9c
```

supervisorとそれが管理する2つのプロセス（sshdとnginx）が立ち上がるので、わざとプロセス停止
させてsupervisorの挙動を確認します。psコマンドでnginxとsshdのPIDを特定し、それらに対して
kill命令を発行してプロセスを停止させます。

図4-21 プロセスの停止

```
$ docker container exec c4supervisor ps
  PID TTY          TIME CMD
    1 ?        00:00:00 supervisord
    9 ?        00:00:00 nginx
   10 ?        00:00:00 sshd

$ docker container exec c4supervisor kill 9
$ docker container exec c4supervisor kill 10
$ docker container exec c4supervisor ps
  PID TTY          TIME CMD
    1 ?        00:00:00 supervisord
   29 ?        00:00:00 nginx
   36 ?        00:00:00 sshd
```

killのあとで再度psコマンドでプロセスを確認すると、新しいPID番号で両者が再起動されているこ
とが確認できました。このコンテナに対してstop命令を投げるとSIGTERMがsupervisor経由でsshdと
nginxに伝えられて、10秒待たずにコンテナが停止されます。停止してコンテナのログ（supervisorの
出力）を確認します。子プロセス（sshd, nginx）の再起動とSIGTERMの処理をsupervisorが実施してい
ることがわかります。

図4-22 停止してログを確認

```
$ docker container stop c4supervisor
c4supervisor
```

```
$ docker container logs c4supervisor
2019-12-22 03:20:42,953 CRIT Supervisor running as root (no user in config file)
2019-12-22 03:20:42,955 INFO supervisord started with pid 1
2019-12-22 03:20:43,958 INFO spawned: 'nginx' with pid 9
2019-12-22 03:20:43,960 INFO spawned: 'sshd' with pid 10
2019-12-22 03:20:44,970 INFO success: nginx entered RUNNING state, process has stayed up
for > than 1 seconds (startsecs)
2019-12-22 03:20:44,971 INFO success: sshd entered RUNNING state, process has stayed up
for > than 1 seconds (startsecs)
2019-12-22 03:26:09,710 INFO exited: nginx (exit status 0; expected)
2019-12-22 03:26:10,713 INFO spawned: 'nginx' with pid 29
2019-12-22 03:26:11,722 INFO success: nginx entered RUNNING state, process has stayed up
for > than 1 seconds (startsecs)
2019-12-22 03:26:12,238 INFO exited: sshd (exit status 0; expected)
2019-12-22 03:26:13,243 INFO spawned: 'sshd' with pid 36
2019-12-22 03:26:14,246 INFO success: sshd entered RUNNING state, process has stayed up
for > than 1 seconds (startsecs)
2019-12-22 03:27:33,233 WARN received SIGTERM indicating exit request
2019-12-22 03:27:33,233 INFO waiting for nginx, sshd to die
2019-12-22 03:27:33,235 INFO stopped: sshd (exit status 0)
2019-12-22 03:27:33,388 INFO stopped: nginx (exit status 0)
```

　なお、GoogleのK8sのドキュメントなどにはsupervisorの利用は非推奨とあります。本来はコンテナを分けるべき状況をsupervisorで無理やり1つのコンテナに詰め込むことは避けてください。5章で扱うComposeを利用すれば複数のコンテナを使ったアプリを簡単に起動できますので、それで解決できる場合はそうするのがよいと思います。

GitとGitHubを使ってみよう

複数人で行うソフトウェアの開発では、ソースコードをバージョン管理しつつ共有するサーバーやサービスが必要となります。そういった用途でSCMと呼ばれるソフトウェアが使われており、その代表的なものがGitとGitHubです。これらはDockerfileや次章のComposeを使ったDockerアプリの開発で利用されることがよくあります。

◎ GitHubの利用法を知ろう

使い捨ての短いスクリプトなどを除けば、ソフトウェアの開発作業は変更を加えながら作り込んでいきます。変更を続けるコードで「いつ何を変更したか」を記録していれば、バグが新しく発生しても過去のコードに戻したり修正を加えることができます。また、複数の開発者がコードを共有することも簡単にできます。このようなソースコードの管理は「バージョン管理」と呼ばれており、SCM（Source Code Management）やVCS（Version Controll System）と呼ばれるソフトウェアが使われます。SCMははるか昔から存在していますが、現在は新規プロジェクトではGitが採用されることが多いので本書もGitとGitHub（有名なGitのWebサービス）を使います。必要最低限のGitの仕組みと利用法を図にまとめます。これはDockerを使った開発だけではなく、他の開発にも共通したものです。

図4-23 ▶ GitHubの概要図

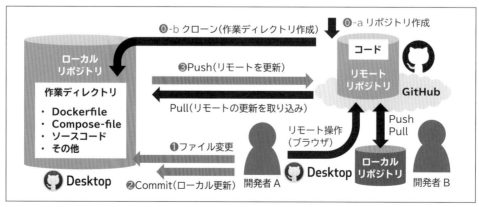

Gitが他のSCMと大きく異なるのは、サーバー上だけでなくローカルにもリポジトリがあることです。こうすることで複数の開発者（図のAとB）が小さな単位でのバージョン管理（commit）を行い、きちんと動作したらサーバーにアップロード（Push）できるという使い方ができます。ローカルリポジトリがない従来のSCMではリポジトリ更新の敷居が高くなったり、安易に更新してサーバー上のリポジトリに動かないコードが置かれたりしがちな問題がありました。

commitはローカルリポジトリにしか反映されませんが、続けてPush操作を行うと変更内容がリモートリポジトリ（GitHub）に反映されます。複数人で開発している場合、Pushされたコードは他のユーザーにも見えてしまいますので、壊れたコードは極力Pushしないようにしてください。

他のユーザーが変更したコードはPull操作すると取り込むことができます。Pushする前にリポジトリに更新があれば先にPullする必要があります（PullせずにPushしようとしても失敗する）。リポジトリのすべてを取り込むのではなく新規更新された箇所を取り込むので、今自分が開発している「ローカルリポジトリ上のファイルA」が「リモートリポジトリ上のファイルA」より新しければ、そのファイルが古い内容で上書きされるということはありません。ただし、ユーザーAとBが同じファイルを違う形で変更した場合は、リモートリポジトリにどのような形で反映するか解決する操作が必要となります。この操作は少し面倒なので割愛しますが、チーム開発する場合は誰がどこを変更しているかを共有したり、担当箇所を決めることで事前に衝突を回避することが望ましいです。

◎ GitHubを使ったDockerイメージの開発手順を試そう

Dockerを使ったアプリ開発は一般的に「アプリのソースコード」「Dockerfile」「Composeファイル（Docker Composeを使う場合）」の3つから構成されています。ここまでイメージをビルドしてきてわかったと思いますが、アプリはソースコード（開発したHTMLやプログラム）だけでなく、どのようなDockerfileを使うかによって大きく変わります。これらのファイルも開発が進むにつれて変更されるので、ソースコードに加えてDockerfileやComposeファイルもGitのバージョン管理の対象とすることが大事です。要するに、DockerアプリをビルドするディレクトリをまるごとGitのリポジトリで管理すればよいということです。

6章のCI/CDアプリでGitHubのリポジトリとそのローカルリポジトリを使いますので、ここでそれを使える環境を構築してサンプルアプリ（6章で上書きする）を題材に利用法を説明します。以下の順序で作業をしていきます。アカウント作成はもちろん、リポジトリの作成からローカルへのクローンまでは頻繁に実施する作業ではありません。比較的あっさりめな解説にしますので、行き詰まった場合はWeb検索や専門書籍などで利用法を調べてみてください。

1. GitHub を使うためにアカウントを作成し、ローカル用にGitHub Desktopをインストール
2. GitHubのWebページからリポジトリ（リモートリポジトリ）を作成

3. 作成したリポジトリをクローンしてローカルリポジトリを PC 環境に作成

4. ローカルリポジトリにイメージ開発用のファイルを配置

5. イメージをビルドする。ビルドに成功したらコードをリモートリポジトリに Push

6. **GitHub** のリポジトリページで更新内容を確認

7. ローカルのコードを更新して再 Push

8. リモートリポジトリで更新と過去バージョンのコードが見れることを確認

まず GitHub を利用するためにサイト（https://github.com/）でユーザー登録を行ってください。このユーザー名は DockerHub のユーザー名に相当するので、人に見られることを意識した名前にしたほうがよいです。そして自分の PC で GitHub と連携をとるために「**GitHub Desktop**（**https://desktop.github.com/**）」というアプリをインストールします。

　ローカル環境で使う CLI の git コマンドなどもありますが、GitHub でとりあえずリポジトリを使いたいという初心者は、GUIで操作できるGitHub Desktopをおすすめします。インストールできたら起動し、先ほど作成したGitHubアカウントでログインしてください。ログインすることで自分のPC上のローカルリポジトリから、自分のリモートリポジトリにPushできるようになります。

◉ リポジトリの作成

　リモートとローカルで準備が整ったので、開発のためのリポジトリ作成作業にとりかかります。新規リポジトリの作成は「GitHubのページでブラウザ操作でリモートリポジトリを作成し、それをローカルにクローンしてローカルリポジトリを作成する」という流れで行います。GitHubにログインし、左側のリポジトリ一覧の「New」ボタンをクリックして新規リポジトリを作成します。作成時にリポジトリ名などを聞かれるので、6章で作るアプリ名の「docker-kvs」と入力します。Description（説明）は不要ですが、公開方式では「Public（誰でも見られる）」を選択してください。もし「Private（自分と許可した人しか見えない）」にすると、6章のCI/CDでJenkinsに認証周りの追加設定をする必要が発生しますのでご注意ください。

図4-24　GitHubでリモートリポジトリを作成

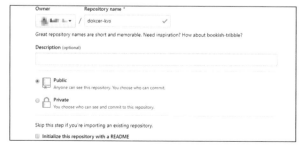

　リモートリポジトリが作成されたら、そのリポジトリページに行き「Clone or download」ボタンを押してリポジトリを取得する選択をし、表示される取得方法で「Open in Desktop」を選択してください。そうすると GitHub Desktop が立ち上がり、どこに保存するか尋ねられるので使いたい場所を選択してください。ローカルリポジトリが作成されたら本章の冒頭で作成した c4flask1 イメージの Dockerfile とソースコードを配置してください。

　ここからの作業は以下の図のようになります。どの作業がどこを変化させるかを意識して実施してください。

図4-25 コードの変更とバージョン管理

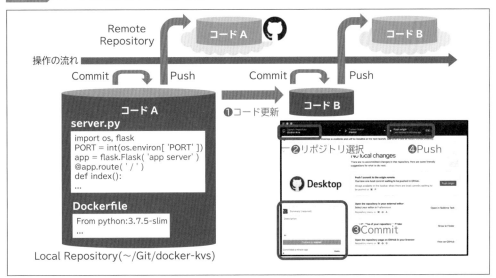

COLUMN | テキストデータの改行コードの設定

テキストデータでの改行は「改行コード」として保存されています。この改行コードは使っているOSの種類によって異なっており、Windowsでは「CR + LF」、それ以外（LinuxやMacなど）では「LF」が使われています。Dockerでよくある問題は「Docker上のLinuxがWindowsで作成されたファイルのCR+LFの改行コードをうまく扱えない」というものです。Docker上で動かすのであれば、エディタの機能などを使って可能な限りプログラムの改行コードは「LF」で統一してください。

また、Gitの設定で改行コードの自動変換が設定されているとリポジトリからコードをCloneなりPullすると、改行コードが「LF」から「CR+LF」に自動で変換されてしまうという問題もあります。詳しくは検索して調べていただきたいですが、一般的には「git config --global core.autocrlf false」コマンドで改行コードの自動変換機能をオフにできます。

◉ CommitとPush

まずローカルリポジトリ上のソースコードのビルドに成功した前提で、バージョン管理のためにコードをリモートリポジトリに登録します。それをするには変更をローカルリポジトリにCommitすることが必要です。

CommitをするにはGitHub DesktopアプリでCommit操作をします。アプリの左上でリポジトリ（docker-kvs）を選択すると変更点が画面に表示されますので、その内容を確認した上で左下よりCommitする際に変更内容のメモを残します。今回は「1st commit」としましょう。メモを書くとCommitできるようになりますので左下のCommitボタンよりCommitします。Commitすると右上のPushボタンが現れるので、それを押すと変更がリモートリポジトリにも変更されます。ブラウザでGitHub上のリポジトリにアクセスして内容を確認してください。

図4-26　GitHub DesktopでCommitする

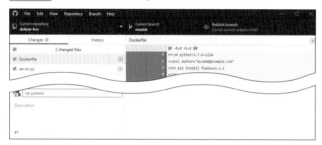

バージョン管理機能を試すために、c4app2のときと同じく「@app.route('/')」を「@app.route('/api/v1/hello')」に変更して改めてCommitとPushをしてください。Commitのメモは「2nd commit」とします。そうするとリモートリポジトリ上のソースコードも新しいものに変更されています。きちんとした開発では「コードのここを変更した」などと正しい内容を書くことが期待されますが、実験的なリポジトリでは適当に書いても問題ありません。

リモートリポジトリ上のソースコードはきちんとバージョン管理されているので、過去にPushされたコードも確認できます。GitHubのリポジトリから「XX commits」というCommit数が書かれた箇所をクリックすると、過去の変更やその時点のコードを確認できます。

Gitでは大きな変更を少ない頻度で加えるのではなく、**小さな変更を高い頻度で加えるスタイル**での開発を心がけてください。そうすることでバージョン管理の粒度を小さくできますし、同じリポジトリを使っている他の開発者への影響が小さくなります。開発者Aが大幅な変更を加えたコードを一度にPushすると、開発者Bが並行開発しているコードと食い違いが出やすくなります。他の開発者のことも考えたPushを実施することが大事です。同じ理由で、他の開発者が変更したコードを小まめにPullして、最新状態を共有するようにしましょう。

5

Composeを使ってマルチコンテナアプリを作ろう

SECTION 01 Docker Composeを使ってみよう

Dockerfileを使ってイメージ作成手順を定義できたように、Docker Composeを使うことで複数のコンテナから構成されるアプリをどう展開するかを定義できます。大量のdockerコマンドを使って複雑な構成を作成することはトラブルの元ですので、シンプルな1コンテナのアプリの展開以外はComposeを使うことをおすすめします。

◎ Composeを使ってコンテナ利用法を定義できる

Dockerを使ったアプリは複数のコンテナを使って構成されることが一般的です。今までの「リバースプロキシとアプリサーバー」や「WordPressとMySQL」のように、コンテナAがコンテナBを使ったり、コンテナAとBが互いに利用し合うような構成です。このような構成にするために、今までは別々に作成したイメージを1つずつ起動して、環境変数により連携させるという方式でアプリを構築していました。

このような手動でのコンテナ間の連携方法は「どのように使うか」ということをドキュメント化しておき、複雑なオプションを正しくコマンド入力することでなりたっています。ドキュメントを書くのも人的コストが必要ですし、更新を繰り返すアプリでドキュメントが最新であるという保証もありません。長いrunコマンドで多数のコンテナを起動させたり、きちんとメンテされてない手順書にもとづく運用をしたりすることは、トラブルになりがちです。

Dockerfileを使うことでイメージをどのように作成するかを定義できましたが、同じように「イメージをどのように展開するか」ということをDocker Compose（以下Compose）という構成ファイルで定義できます。ビルドだけではなく複数のコンテナで構成されるアプリの設計やライフサイクル（ビルド／起動／停止）自体もDockerに管理させることで、素早く正しい展開をいつでも実施できるようになります。Dockerfileで単体イメージの開発コストを下げて、Composeでアプリ全体としての開発コストと運用コストを大幅に下げられるということです。また、Composeの構成ファイルが正しければ、人的ミスによるコンテナの間違った運用も発生しにくいのでトラブル防止にもなります。きちんとDockerを開発／運用で利用するのであればComposeの利用はほぼ必須であり、多くのライトユーザーにとっては「Dockerホスト上でのComposeの利用」がコンテナの開発と運用スタイルにおけるゴール

となるかもしれません。

　Composeがどのようなものか想像しづらいかもしれませんので、以下に4章で作成したnginxコンテナ（web）とflaskコンテナ（app）をComposeで構成する場合のディレクトリ構成図を示します。

図5-1 ▶ **2階層アプリのComposeを使った構成**

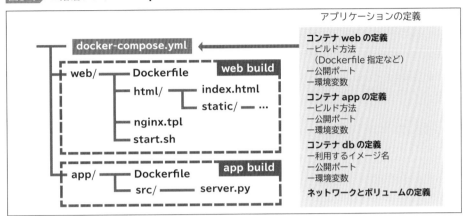

　複数のコンテナ（イメージ）を束ねるアプリのディレクトリの下にComposeの構成ファイルがあり、そこでアプリをどのようにコンテナで構成するかを定義します。利用されるイメージがDockerfileでビルドされるのであれば、そのイメージごとに開発用ディレクトリを用意してCompose経由でビルドを実施することもできます。上記の図であればwebとappがサブディレクトリとして存在し、その中に4章のDockerfileでビルドした構成のファイル群があります。また、Composeではコンテナ群だけではなくそれらが使うネットワークやボリュームなども定義でき、アプリを構成するデータベースなどもコンテナで実現できます。こういったアプリの土台をコードベースで展開できるという点で、Composeは「Infrastructure as a Code」を実現するツールであるともいえます。

　なお、このような複数の要素（コンテナ）をまとめて管理することを「オーケストレーション」と呼びます。Kubernetesはコンテナのオーケストレーションツールの代表格ですが、ComposeはKubernetesの10分の1程度の複雑さで、「1ホスト内限定」で使えるオーケストレーションツールと思えばわかりやすいかもしれません。

　筆者は、小規模なDockerベースのアプリはもっぱら仮想マシン上にAnsibleでDockerホストを構築し、そこにComposeを使って展開しています。ストレージなどのデータもホスト上に保存しています。この構成をとると、ホスト障害（物理的に壊れたなど）のときにアプリが落ちるという弱点を「仮想化のHA（High Availability。別の物理ホストでマシンを再起動すること）」でカバーすることができ、データロスのリスクをDockerホストの状態をストレージスナップショット（仮想マシンのディスク状態を残すこと）で定期的に保存することで低減させています。KubernetesはComposeに比べて開発と管理の手間が増えるので、上記シナリオ以上の可用性やスケール性が必要になった場合のみ利用しています。

余談ですがComposeはもともとFigと呼ばれるサードパーティー製のツールでしたが、その開発会社がDocker社に買収されてツール名がDocker Composeになったという歴史があります。

◎ Composeでnginxを展開してみよう

Composeを使ったコンテナベースのアプリの展開は複数コンテナ構成で強みを発揮しますが、シンプルな構成であってもデプロイを定義通りにできるので便利です。ここではComposeを学ぶために、今まで利用してきたnginxをrunコマンドではなくComposeを使って展開します。

◉ 定義ファイルの作成

Composeのデフォルトの定義ファイルは「docker-compose.yml」というファイル名になります。これ以外のファイル名を使う場合はDockerfileと同じく「-f」オプションでファイル名を指定することが必要になります。

リスト5-1 ▶ **/chap5/c5nginx/docker-compose.yml**

```
version: '3.7'
services:
  nginx:
    image: nginx:1.17.6-alpine
    ports:
    - 8080:80
    environment:
      MYENV: "hello compose"
```

インデント（字下げ）により階層構造を持った**YAML形式**（ファイルの拡張子が**.yml**）で定義されています。Composeの定義ファイルおよび、後ほど扱うKubernetesの構成ファイル（マニフェストと呼ばれる）はYAML形式で定義を記述します。YAMLは環境変数と同じようにコロン（:）区切りでキーとバリュー形式で表記しますが、バリューの下にさらにキーとバリューの階層構造を作ることができ、バリューとしてハイフン（-）から始まるリストを指定できます。

Composeの定義を見ていきましょう。最初の「**version**」はComposeのYAML定義の形式のバージョンです。最新版からさほど離れないバージョンを指定し、そのバージョンで使える文法を使ってください。ただ、Composeも枯れてきているので大きな変更が加えられることは多くないと思います。

次の「**services**」はアプリのサービス、つまりコンテナ群を指定する項目です。

serviceの直下に定義されたnginxがコンテナとなります。そして、そのコンテナの下にコンテナ詳細が定義されています。「**image**」で利用するDockerイメージの指定を行い、続く「**ports**」でポートフォ

ワードの設定をハイフンによるリスト形式で指定します。ポートフォワードしなければportsは不要ですし、1つ以上のポートフォワードの設定を書くこともできます。

コンテナの最後の設定は「**environment**」で、ここに環境変数を定義します。今回は環境変数MYENVに対して"hello compose"という値を設定しています。

◉ Composeによるコンテナの展開

このファイルを使ってコンテナを展開するには、ファイルがあるディレクトリに移動し、「**docker-compose up**」コマンドを使います。このコマンドにもオプションが使え、よく使うのは「**-d**」を使ったバックグラウンド実行と、「**--build**」を使った実行時のイメージを必ずビルドするという指定です。今回は公式のnginxを使ったアプリ展開なので、buildオプションは指定しません。

図5-2 ▶ コンテナの展開

```
$ docker-compose up -d
Creating network "c5nginx_default" with the default driver
Creating c5nginx_nginx_1 ... done
```

ネットワーク（c5nginx_default）と、それに接続されるコンテナ（c5nginx_nginx_1）が作成されました。これらのネットワーク名やコンテナ名を指定することもできますが、指定しなければComposeファイルが格納されるディレクトリ名とサービス名が名付けられます。3章で説明したようにデフォルトネットワーク（bridge）ではないネットワークにコンテナが接続されているので、同一ネットワークに接続されるコンテナ間は名前解決で通信をさせることができます。なお、名前解決はコンテナ名（上記例ではc5nginx_nginx_1）だけでなく、ComposeのServicesで定義している名前（上記例ではnginx）でもできます。

Composeの定義書で定義されているコンテナの実行状況は「**docker-compose ps**」コマンドで確認できます。定義ファイルに定義されていない他のコンテナはこのコマンドでは出力されません。Composeは単にDockerを利用しているだけですので、当然ながらComposeで作成したコンテナは「**docker container ls**」コマンド（横に長いので一部出力カット）でも確認できます。

図5-3 ▶ 実行状況を確認

```
$ docker-compose ps
      Name              Command           State           Ports
-------------------------------------------------------------------
c5nginx_nginx_1    nginx -g daemon off;   Up       0.0.0.0:8080->80/tcp

$ docker container ls
```

5

Composeを使ってマルチコンテナアプリを作ろう

```
CONTAINER ID        IMAGE               PORTS               NAMES
a1e79c780f1b        nginx:1.17.6-alpine 0.0.0.0:8080->80/tcp c5nginx_nginx_1
```

　docker-composeで立ち上げたDockerコンテナに対する操作は、dockerコマンドで実施しても構いません。ただ、複数のコンテナにまたがった操作を一貫して行うには、Compose用のコマンドを使うことが推奨されます。Composeファイルに加えた更新を適用するにはもう一度upコマンドを使えば、今動いているコンテナを停止して新しいコンテナを再度立ち上げます。ただし、サービス名やコンテナ名を変更した場合は、昔の名前のコンテナが残るので手動で止めるなりしてください。

　コンテナを停止したい場合には「**docker-compose stop**」コマンドか「**docker-compose down**」コマンドを使います。前者がもう一度コンテナ起動する可能性がある場合に利用され、停止されたコンテナは「**docker-compose start**」コマンドで再起動されます。コンテナの停止だけでなく破棄までしたい場合は後者のdownコマンドを使います。

図5-4　コンテナの停止

```
$ docker-compose stop
Stopping c5nginx_nginx_1 ... done

$ docker-compose start
Starting nginx ... done

$ docker-compose down
Stopping c5nginx_nginx_1 ... done
Removing c5nginx_nginx_1 ... done
Removing network c5nginx_default
```

　downコマンドの出力にあるように作成されたネットワークも削除されますが、作成されたボリュームは削除されません。特に何もしなければ永続化（ボリューム）は維持されますが、それが不要であれば「docker volume」コマンドで手動削除する必要があります。

◎ ComposeでWordPressとMySQLを展開してみよう

　nginxの展開を通してComposeの基本的な利用法を学んだので、その発展としてネットワークを介した複数コンテナの連携とデータ永続化手法について学びます。題材として3章で構築したWordPressとMySQL構成をComposeで作成します。新しいディレクトリで以下のdocker-compose.ymlを準備してください。

リスト5-2 /chap5/c5wordpress/docker-compose.yml

```yaml
version: '3.7'
services:
  mysql:
    image: mysql:5.7.28
    restart: unless-stopped
    networks:
    - wp_net
    volumes:
    - mysql_volume:/var/lib/mysql
    environment:
      MYSQL_ROOT_PASSWORD: password
      MYSQL_DATABASE: wordpress
      MYSQL_USER: wordpress
      MYSQL_PASSWORD: password

  wordpress:
    image: wordpress:5.2.3-php7.3-apache
    restart: unless-stopped
    depends_on:
    - mysql
    networks:
    - wp_net
    ports:
    - 8080:80
    environment:
      WORDPRESS_DB_HOST: mysql:3306
      WORDPRESS_DB_NAME: wordpress
      WORDPRESS_DB_USER: wordpress
      WORDPRESS_DB_PASSWORD: password

networks:
  wp_net:
    driver: bridge
volumes:
  mysql_volume:
    driver: local
```

先ほどのnginxはコンテナが1つだけでしたが、今回はmysqlコンテナとwordコンテナの2つが
servicesの下に定義されています。また、ファイルの最後にネットワークとボリュームも名前とドライ
バーを指定して定義されています。

Composeの文法として新しいものはいくつかありますが、YAML定義の一番上の階層にあるのが
「**networks**」と「**volumes**」です。networksとvolumesの下には作成するネットワーク名とボリューム
名を指定し、その下の階層で詳細を定義します。ここではそれぞれDriver（ネットワークとボリューム

の種類）のみ定義しています。

　各コンテナの定義の下にも新しい要素がいくつかあります。まず先ほど定義したネットワークを利用するための「networks」であり、ボリュームを利用するため「volumes」です。2つのコンテナは同じネットワーク（wp_net）に接続されるため、IP通信とホスト名（サービス名）の解決ができます。他には「restart」という項目もあります。これは2章のDockerホストで学んだrestartオプションの指定と同じです。コンテナが異常停止した場合に再起動してほしい場合はunless-stoppedを指定し、止まっていてよい場合は何も定義しません（デフォルトのnoneが使われる）。

　「depends_on」は、「このコンテナはコンテナAに依存しています」というコンテナ間の依存関係の設定です。これが設定されているとそのコンテナは依存しているコンテナ（上記ではコンテナA）が起動するまで起動されません。今回はwordpress（アプリサーバー）がmysql（DBサーバー）に依存していると定義しているので、「mysqlコンテナが立ち上がってからwordpressコンテナを立ち上げる」とコンテナの起動順序を指定しています。準備が整いましたので、Composeコマンドでアプリを立ち上げます。

図5-5 ▶ アプリの起動

```
$ docker-compose up -d
Creating network "c5wordpress_wp_net" with driver "bridge"
Creating c5wordpress_mysql_1 ... done
Creating c5wordpress_wordpress_1 ... done
```

ブラウザで「http://127.0.0.1:8080/」にアクセスすると、WordPressのページが立ち上がっていることが確認できます。興味があればWordPressに初期設定をして記事を投稿した上でdownさせてコンテナを停止／破棄し、再度upさせて記事が残っていることを確認してください。Composeをダウンさせてもボリュームは破棄されないので、次回起動時に前回の状態を引き継がれます。

図5-6 ▶ アプリを停止して起動する

```
$ docker-compose down
Stopping c5wordpress_wordpress_1 ... done
Stopping c5wordpress_mysql_1     ... done
Removing c5wordpress_wordpress_1 ... done
Removing c5wordpress_mysql_1     ... done
Removing network c5wordpress_wp_net

$ docker-compose up -d
Creating network "c5wordpress_wp_net" with driver "bridge"
Creating c5wordpress_mysql_1 ... done
Creating c5wordpress_wordpress_1 ... done
```

　なお、docker-composeにどういったコマンドやオプションが存在するかは、「docker-compose --help」コマンドで確認できます。

SECTION 02 Composeを使ってイメージを 開発してみよう

Composeは既存のイメージを使ったアプリ展開だけでなく、自分でイメージを作成（ビルド）するために利用したり、作成したイメージでアプリ展開をすることができます。ここではComposeを使ったnginxとFlaskの2つのイメージ開発と展開を通して、Composeによるアプリ開発の基本を学びます。

◎ ComposeでDockerfileを使ってみよう

Composeを使った開発は、基本的にはDockerfileを使った開発と変わりません。Composeの定義内でイメージが置かれるディレクトリとDockerfile名を指定すれば、docker-composeコマンドの発行時にDockerfileによるビルドも自動で実施してくれます。注意が必要なのはビルドを行う際は「コンテキスト」として指定したディレクトリを基準にDockerfileのパス指定や、Dockerfile内でのパス指定が行われる点です。つまり開発用ディレクトリ内でのリソース（ソースコードなど）の指定はComposeファイルのディレクトリを起点とした相対パスではなく、Dockerfileのディレクトリを起点とした相対パスで書かれます。以下に開発用ディレクトリの構成と、ファイルを示します。

図5-7 **ComposeとDockerfileを使ったビルド構成**

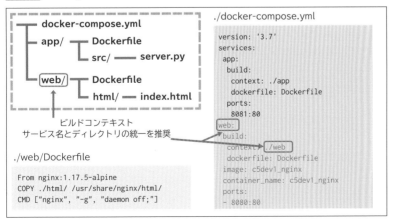

リスト5-3 **/c5dev1/docker-compose.yml**

```
version: '3.7'
services:
  app:
    build:
      context: ./app
      dockerfile: Dockerfile
    ports:
    - 8081:80
  web:
    build:
      context: ./web
      dockerfile: Dockerfile
    image: c5dev1_nginx
    container_name: c5dev1_nginx
    ports:
    - 8080:80
```

Composeファイルにある「**build**」がビルド指定です。ここにコンテキストとなるディレクトリを指定し、Dockerfileのファイル名を指定します。Dockerfileのファイル名がDockerfileである場合は指定を省略可能です。webコンテナの指定を見ると、コンテキストの指定はComposeファイルからの相対パスであるのに対して、Dockerfile名の指定はコンテキストからの相対パスとなっています。また、web内のDockerfileでのCOPY命令のパスもコンテキスト（Dockerfileのディレクトリ）からの相対パスとなっています。

ビルド指定の下にある「**image**」はビルド時に作成されるイメージ名となります。最初のnginxやWordPressの例のようにビルド指定のないサービスでイメージ名を指定した場合は、そのイメージからコンテナを起動（必要であればPull）しようとしますが、ビルド指定付きでイメージ名を指定すると「作成するイメージ名を指定する」という意味になります。

その下にある「**container_name**」は名前の通り作成されるコンテナの名前を指定します。Composeにコンテナを自動命名させたくない場合はこのように指定しますが、このComposeファイル定義の外にあるコンテナも含めて、コンテナ名の重複が発生しないように注意してください。たとえばwebやappなどの単純な名前だと重複しても不思議ではありません。

なお、このビルドコンテキストは開発するイメージごとに作成するのが一般的です。このアプリではwebイメージに加えてappイメージを使うので、専用のappディレクトリが別に用意されています。図にあるようにComposeファイル内のサービス名とイメージのリソースを置くディレクトリ名（コンテキスト）を統一しておくことをおすすめします。

それでは、このアプリのイメージのビルドを「**docker-compose build**」コマンドで実施します。

図5-8 ▶ イメージのビルド

```
$ docker-compose build
Building app
Step 1/6 : From python:3.7.5-slim
中略
Successfully built 37cdc4d0c49f
Successfully tagged c5dev1_app:latest
Building web
Step 1/3 : From nginx:1.17.5-alpine
中略
Successfully built 1abb69ce9139
Successfully tagged c5dev1_nginx:latest
```

　出力されたログを見るとわかりますが、イメージ名を指定していないサービスappは「ディレクトリ名_サービス名（今回はc5dev1_app）」というイメージ名が付けられています。一方、イメージ名を指定したサービスwebは指定した通りのイメージ名が付けられています。ビルドコマンドはイメージのビルドを行うだけでコンテナは作成／起動されません。コンテナの起動には今まで通り「docker-compose up -d」コマンドを使います。

図5-9 ▶ コンテナの起動

```
$ docker-compose up -d
Creating network "c5dev1_default" with the default driver
Creating c5dev1_nginx ... done
Creating c5dev1_app_1 ... done
```

　これで自作のアプリのビルドと展開ができました。注意が必要なのはソースコードに変更を加えてから「docker-compose up」コマンドを発行しても、ビルドが勝手には実施されないのでソースコードの変更が適用されない点です。展開すべきイメージが存在しない場合はupコマンドがビルドも実施しますが、展開するイメージが存在する場合はたとえそれが古くても起動させます。そのため、確実に新しいコードでアプリを展開したい場合はbuildコマンドのあとでupコマンドを発行する必要があります。また、「docker-compose up -d --build」とupコマンドにbuildオプションを付けることで、常にビルドさせることもできます。ソースコードに変更がなければビルドはスキップされますので、常にビルドオプションを付ける癖を付けてもよいかもしれません。

◎ Dockerを使った開発の利点と面倒くささ

　自分のマシンの上でソフトウェアを開発した経験がある人はわかると思いますが、PC（Windowsや

Mac）で直接開発しているアプリは、ソースコードを変更したらすぐにアプリに反映することができます。たとえばHTMLを編集してブラウザリロードすれば、すぐにブラウザの画面に反映されます。

　コンテナを使うことで「WindowsやMacでLinuxアプリを作成できる」「依存関係の少ない環境でパッケージング化されたアプリを作れる」「Dockerfileでビルドが自動化できる」「複雑な構成もComposeで自動展開して連携させられる」といったメリットが得られる一方で、コンテナを使った開発にもデメリットがあります。それは「開発しているソースコード（ホスト上）の変更結果がすぐに確認できない」というものです。これは手元でソースコードを書いて、それをLinux上で動かす（SCPによるコードの移動などが必要）のと似ています。本書で今まで行ってきた開発の流れ以下の図にまとめます。

図5-10　一般的なコンテナアプリの更新方法

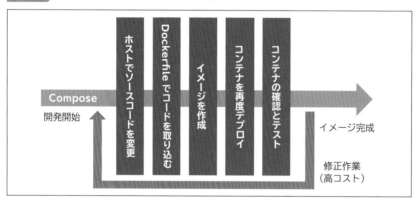

　本書では用意されたコードを取り込んで動かすため、このイメージを作成からデプロイして確認するまでの流れは1回のみで済んでいました。ただ、現実的なソフトウェア開発では完璧に動作するアプリをいきなり完成させられることはないので、何度もコードを書き足して機能を追加したり、不具合を修正しながら完成品に近づけていきます。その修正のたびにコードをイメージに取り込んで、新しいコンテナとして展開する作業を繰り返さなければいけません。

　何度も繰り返されるイメージの作成を、2章のように「コンテナを変更してからcommitしてイメージ作成」とするのは面倒すぎます。DockerfileとComposeを使うことで作業負担は減らせますが、それらを使ったとしても「ホストでのHTMLやスクリプト言語の開発」に比べるとイメージのビルドと展開作業は面倒くさいものです。

◎ ソースコードをBindしてコンテナを更新

　先ほどの「コンテナにソースコードの変更を反映するのが面倒」という問題は、3章で学んだデータ永続化のBind（ホストの領域をコンテナ上にマウントする機能）を使えば解決できます。

Dockerfileと Composeを利用して「ホストからソースコードをDockerfileで取り込む」というビルドをしたあとで、「イメージ上の取り込んだソースコードの領域に、**Bind**でホスト領域を上書きしてコンテナ起動」という使い方をします。こうすることで、ホスト上のソースコードの変更がすぐに既存のコンテナに反映されるので、イメージの再ビルドと新コンテナの展開をしなくてもコンテナは新しいコードで動作します。

具体的にはすぐあとに行うnginxのHTMLの開発では、「ホスト上のソースコードをDockerfileでイメージの/usr/share/nginx/htmlに取り込む」ことをし、次に「ホスト上のソースコードをComposeでコンテナの/usr/share/nginx/htmlに Bind して起動する」という手順を踏みます。Dockerfileのビルドはまったく同じですが、Composeで Bind を使う点が異なります。こうすることで以下の図のような流れで開発が実施できます。

図5-11 ▶ **Bind**を使ったリアルタイムなコンテナ更新

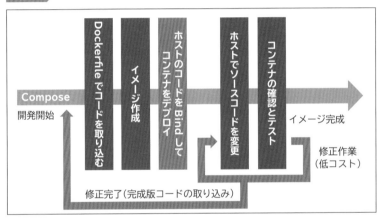

3章でもお伝えしたようにデータ永続化としてのBindの利用は推奨されていません。ただし、開発者のローカル環境で開発する場合は、Dockerとしての正しい使い方よりもストレスの少ない効率のよい開発手法を採用するべきです。コードの変更結果を確認する際に、**イメージのビルドとコンテナの再展開が不要になる**ため、コンテナ上のアプリ開発がほとんどホスト上でのアプリ開発と同じ条件で実行できます。ソースコードの修正とコンテナでの確認を何度か繰り返してソースコードが完成したら、もう一度ComposeとDockerfileでビルドを実施することで完成版のソースコードをイメージに取り込むことができます。それで本番用のイメージが完成です。この手法はHTMLのような静的なファイルだけでなく、PythonのFlaskのようなホットリロード（変更があったら即座に反映）機能を持ったソフトウェア開発でも使えます。

なお、ソースコードの変更の反映にコンパイルが必要な言語（Goなど）は、このBind手法を使うメリットが少ないです。動的に変更できない場合はComposeのbuildオプション付き upコマンドでビルドと実行を一度に実施するのがよいと思います。

◎ Bindを使った開発法をnginxのサイト作成で試してみよう

　ここではWebサーバー（HTMLの配信）の開発を行うというシナリオで、先のBindを使った開発手法を実践します。具体的にはローカル上のソースコードにBindされたnginxコンテナを使いながら開発を行い、変更が終了したらソースコードを取り込んだ本番用のnginxコンテナを展開するという流れとなります。サンプルはnginxですが、PythonのFlaskなどでも同じ流れで開発ができます。Flaskのコードへの変更の反映には、Flaskをデバッグモードで起動する必要があるので注意してください。

　nginxコンテナの開発用のディレクトリの全体構造と、開発用ファイルの中身は以下の図のようになっています。

図5-12 ▶ 開発用ディレクトリの構成

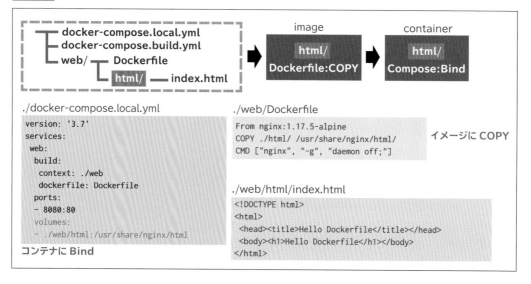

　開発用のComposeファイル（**docker-compose.local.yml**）と、本番用のComposeファイル（**docker-compose.prod.yml**）が存在しています。より厳密な使い分けは6章のCI/CDにて扱いますが、ここでは開発段階では開発用Composeファイルを使い、本番では本番用Composeファイルを使います。

　開発用Composeファイルではwebコンテナをbuildしており、そのビルド用のDockerfileでHTMLディレクトリをイメージに取り込んでいます。そしてビルドが完了したイメージをコンテナ化する際に「volumes」でホストのHTMLディレクトリをコンテナにBindでマウントしています。それでは、開発用Composeでコンテナを立ち上げて開発作業を実施します。

5

Composeを使ってマルチコンテナアプリを作ろう

図5-13 開発用イメージのビルドとコンテナの展開

```
$ docker-compose -f docker-compose.local.yml up -d --build
Building web
中略
Successfully built 799345fb4ddb
Successfully tagged c5dev_web:latest
Recreating c5dev_web_1 ... done
```

コンテナが立ち上がりましたので、ポートフォワードしているホストのポート（127.0.0.1:8080）にブラウザでアクセスします。HTMLにある通りに「Hello Dockerfile」と表示されるはずです。ホストのソースコードの「Hello Dockerfile」を「Hello Compose」に書き換えて保存し、ブラウザをリロードしてみてください。そうすると出力されるメッセージが「Hello Compose」に変更されるはずです。イメージの再作成とコンテナのデプロイを省いて、開発作業ができることがわかります。

　もう少しHTMLを修正してもよいのですが、ここでは開発が完了したとして本番用イメージの作成とコンテナのデプロイを行います。これらを実施するために本番用Composeファイルを使ってビルドと展開を行います。本番用Composeファイル（docker-compose.prod.yml）は以下となります。

リスト5-4 **/chap5/c5dev2/docker-compose.local.yml**

```
version: '3.7'
services:
  app:
    build:
      context: ./web
      dockerfile: Dockerfile
    image: c5dev_nginx
    container_name: c5dev_nginx
    restart: unless-stopped
    ports:
    - 8080:80
```

　先ほどの開発用Composeと違う点は、buildを使ったビルドコンテキストの指定に加えて、**image**でイメージ名も指定していることです。デフォルトのイメージ名ではなく、作成されるイメージ名を指定することでCompose外での利用（PUSHなど）をしやすくなります。また、**コンテナ名もデフォルト**ではなく指定した名前にし、dockerコマンドで識別しやすくしています。そしてrestart指定により、意図せず停止した際に再起動するようにしています。要するに本番に適したComposeファイルに変更しているということです。

　開発用コンテナを停止して本番用コンテナを立ち上げると、ホストのソースコードを変更してもコンテナには反映されません。今度はBindせずにDockerで一般的なコードを取り込む形でコンテナを作成しているためです。

SECTION 03
Compose のその他の機能を学ぼう

ここでは Compose コマンドが持つその他の機能を紹介します。たとえば Compose コマンドをリモートの Docker ホストに対して実施して、1つのホストから複数のホストにアプリを展開することができます。Compose ファイル内の値をパラメーター化し、複数環境に対応させることも可能です。

◎ Compose を使ってリモート Docker ホストを操作しよう

docker コマンドでリモートの Docker ホストを操作したように、docker-compose コマンドでリモートの Docker ホストを操作できます。こちらも SSH の鍵を使った認証を利用するので、クライアントマシンがサーバーマシンに登録されていない場合は、2章の Docker ホストの項目を参考に事前に設定をしてください（P.79参照）。

注意点は2つあり、この機能がサポートされた Compose は比較的バージョンが新しいという点です。v1.23.1 未満のバージョンの Compose を利用している場合はアップグレードを行ってください。また、本書執筆時点（2020年6月）では利用する鍵の種類も限定的であり PEM 形式の鍵でないと内部で利用されている Python の Paramiko にてエラーが発生しました。2章で紹介した ssh-keygen コマンドのオプションで作成した鍵であれば問題なく利用できました。もし、新しいバージョンで問題が起きる場合は検索して対処法を探してください。

準備が整いましたら、docker コマンドと同じく「-H」オプションで接続先を指定してコマンドを発行できます。今回は最初のサンプルである「c5nginx」の構成をリモートに作成します。接続する側で Compose ファイルがあるディレクトリにいる前提で以下のコマンドを発行します。なお、2章で説明した「ssh-copy-id」によりすでに公開鍵が接続先に登録されているとしています。

図5-14 ▶ -H オプションでホストを指定

```
$ docker-compose -H ssh://root@10.149.245.115 up -d
中略
Authentication (publickey) successful!
```

```
Creating network "c5nginx_default" with the default driver
Creating c5nginx_nginx_1 ... done

bash-4.2$ docker-compose -H ssh://root@10.149.245.115 ps
中略
Authentication (publickey) successful!
    Name              Command          State           Ports
-------------------------------------------------------------------
c5nginx_nginx_1   nginx -g daemon off;   Up       0.0.0.0:8080->80/tcp
```

POINT

ここで「not found in known_hosts」というエラーが出る場合は、リモートホストのIPアドレスが変更されている可能性があります。いったん手動のsshコマンドでリモートホストに接続してから、上記の手順を試してください。

　リモートのDockerホストに対してComposeでアプリを展開する手法は非常に便利です。大量のDockerホストがある環境でアプリを展開する際に、コントローラーのような1つのマシンにコードを集約し、そこを起点にリモートDockerホストにさまざまな構成をどんどん作れます。もちろん、そのコントローラーを失っても大きな影響が発生しないようにアプリのコードやDockerの構成ファイルなどはリポジトリで管理してください。

◎ Compose ファイル内で環境変数を参照しよう

　Composeファイルは内部で利用するパラメーターを「環境ファイル」から読み込む機能があります。説明するより見てもらったほうが早いので、以下に実験用のComposeファイルを記載します。

リスト5-5 **/chap5/c5env/docker-compose.yml**

```
version: '3.7'
services:
  web:
    image: ${DHUB_USER}/c5env:${IMG_VER}
    container_name: c5env
```

　このComposeファイルでは、イメージの指定で「${DHUB_USER}」と「${IMG_VER}」を使っています。これに埋め込む環境ファイルを同じ階層に用意します。環境ファイルのファイル名は「.env」です。

リスト5-6 **/chap5/c5env/.env**

```
DHUB_USER=yuichi110
IMG_VER=v1.0
```

このようにすることで、シェルの環境変数を使うように「${DHUB_USER}/c5env:${IMG_VER}」が「yuichi110/c5env/v1.0」と解釈されます。実際にnginxイメージにタグ付をして同名のイメージを用意し、それをComposeファイルで展開してみます。

図5-15 **環境変数を使ってコンテナを展開**

```
$ docker image tag nginx:1.17.6-alpine yuichi110/c5env:v1.0

$ docker-compose up -d
Recreating c5env ... done

$ docker container ls
CONTAINER ID   IMAGE                 COMMAND                 CREATED        STATUS
PORTS      NAMES
0b217a0ff0ca   yuichi110/c5env:v1.0  "nginx -g 'daemon of…"  5 seconds ago  Up 4 seconds
80/tcp     c5env
```

環境ファイルで指定した通りのパラメーターが適用されて、コンテナの作成に成功していることがわかります。この機能は1つのComposeファイルをさまざまな環境で使う際に便利です。たとえばユーザーAとBがチームでアプリを開発しているとします。上記のようにユーザー名などの差分を環境ファイルに書いておくことで、同じComposeファイルをさまざまな環境で使い回すことができるようになります。GitHubなどでソースコード共有をする場合は、このファイルを個々人が持てるように「.gitignore」ファイルでバージョン管理の対象から外すのが一般的です。

◎ その他のComposeの命令を使ってみよう

ここまでに説明できなかった重要なComposeの文法を説明します。以下のComposeファイルを題材とします。

リスト5-7 **/chap5/other/docker-compose.yml**

```
version: '3.7'
services:
  python:
```

```
image: alpine:3.10.3
container_name: alpine
command: ["tail", "-f", "/dev/null"]
tty: true
env_file: python.env
stop_signal: SIGKILL
network_mode: "none"
```

　まず「**command**」はデフォルト以外の起動コマンドを指定する際に利用します。今回は「tail -f /dev/null」を実行させています。その次の「**tty: true**」はrunコマンドの「-it」オプションに相当する指定で、これを加えることでコンテナにコンソールが渡されます。もしshやbashなどで何もしないコンテナを作る場合は必要ですが、サンプルのようにtailコマンドを使うことのほうが多いので利用機会は少ないかもしれません。次の「**env_file**」もrunコマンドの「--env-file」相当の指定をします。指定している「python.emv」には「TEST="Hello Compose"」と書いておきました。

　「**stop_signal**」は名前の通り、コンテナ停止のシグナルをComposeで変更するためのもので、ここではデフォルトのSIGTERMから強制終了のSIGKILLに変更しています。最後のnetwor_modeはネットワークのタイプでhostやnoneなどを指定する場合に利用できます。実際にコンテナを操作していくつかの設定を確認します。

図5-16 コンテナの操作

```
$ docker-compose up -d
Creating alpine ... done

$ docker container exec alpine ps
PID   USER     TIME  COMMAND
    1 root      0:00 tail -f /dev/null

$ docker container exec alpine sh -c "ifconfig | grep Link"
lo        Link encap:Local Loopback

$ docker container exec alpine printenv TEST
"Hello Compose"
```

SECTION
・・・・・・
04

Composeで本格的な
3階層アプリを開発してみよう

今まで学んできた内容の総復習としてWeb3階層構成（web、app、db）のアプリをCompose
で作成します。新しい技術としてRedis（KVS）を使いますので、利用法の紹介をしたあとで、コー
ドを提示しつつ開発の流れを解説します。このサンプルアプリは6章のDockerを使ったCI/CD
でも利用します。

◎ 開発するアプリの構成について

　本節ではWeb3階層のアプリをComposeで構築します。今までのサンプルに比べるとサイズが大き
く複雑ですが、今後の章で学ぶDockerやKubernetesを使ったDevOps（CI/CD）で使う実用的な構成と
なります。プログラムの内容を厳密に理解しなくても試せるようにしていますが、どういうようなコー
ドを書くか興味がある方もいるでしょうから中心的なコードを記載します。

　構築するアプリは「**KVS（Key Value Store）**」というWeb開発でよく使われる技術を、REST API（HTTP
ベースのAPI）で提供するというものです。KVSもREST APIもDockerやWeb系の開発ではよく利用さ
れる技術なので、知らない人はこの機会に概要を把握されることをおすすめします。両者とも有名な技
術なので、不明な点があればネットで簡単に調べられます。

図5-17 ▶ **構築する3階層アプリの構成**

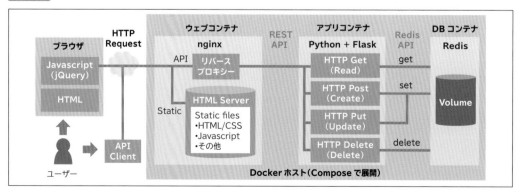

　このアプリではプログラムが利用することを想定したAPIサーバーの作成に加えて、それを人間が操作するためのGUI（ブラウザ画面）をHTMLとJavaScriptで構築します。

　一番後ろにあるDBサーバーであるRedisは公式イメージのRedisを使って展開します。ボリューム機能を使ってデータ永続化している以外は特に言及するべきところはありません。Redisの前面にいるアプリサーバーは、REST APIで受けた命令に従って、Redisを操作して結果を返すプロトコル変換のプロキシーとしての役割を果たしています。

　フロントにいるnginxは静的なファイルへのアクセスはHTMLサーバー機能で処理し、APIへのアクセスはリバースプロキシーでアプリサーバーに転送する処理をします。静的ファイルにはAPIを呼び出すためのHTMLとJavaScriptのGUIの画面も含まれています。ユーザーはブラウザ画面を通してKVSの機能を利用することもできますし、自分のプログラムでREST APIを発行することでKVSの機能を利用することもできます。図の構成を作成するComposeファイルは以下の通りです。

リスト5-8 **/chap5/c5kvs/docker-compose.yml**

```yaml
version: '3.7'
services:
  web:
    build:
      context: ./web
      dockerfile: Dockerfile
    depends_on:
      - app
    ports:
      - 8080:80
    environment:
      APP_SERVER: http://app:80
  app:
    build:
      context: ./app
      dockerfile: Dockerfile
    depends_on:
      - db
    environment:
      REDIS_HOST: db
      REDIS_PORT: 6379
      REDIS_DB: 0
  db:
    image: redis:5.0.6-alpine3.10
    volumes:
      - c5kvs_redis_volume:/data
volumes:
  c5kvs_redis_volume:
    driver: local
```

◎ KVS（Redis）の操作とREST APIの利用法を知ろう

　具体的なアプリの設計に入る前にKVSの概要について説明します。KVSはさまざまなWebサービスや基盤で使われる技術であり、DockerやK8sも内部的に利用しています。概念や利用法はそれほど難しいものではないので、知っておいたほうがよい技術です。

　KVSはキーとバリューの組み合わせを内部的に管理し、それを操作する手段を提供します。プログラミングでいうと辞書型や連想配列、ハッシュマップなどと呼ばれている型の操作とほとんど同じです。具体的にはキーとバリューの組み合わせに対して以下の操作を提供します。

- **SET:** 新しくキーとバリューのペアを登録
- **GET:** キーを指定してバリューを取得。取得してもペアはなくならない
- **DELETE:** キーを指定して、キーとバリューのペアを削除

　すでに存在するキーに対して新しくSETをした場合は、古いバリューを新しいバリューで上書きする動きをします。たとえば「Key:"Apple", Value:"Red"」という組み合わせをSETすると、"Apple"をGETすれば"Red"を取得できるようになります。次に「Key:"Apple", Value:"Green"」をSETすれば、キー"Apple"に対応するバリューは"Green"となります。本書ではKVSの機能を自前で実装するのではなく、Redisという有名なアプリを使います。

　アプリサーバーはKVS機能をREST APIとして提供しますが、実際のKVSの処理はDBサーバーとして使うRedisに依頼します。REST APIにはいくつかの種類がありますが、最も基本的なものはCRUD（**Create、Read、Update、Delete**）という操作をHTTPのメソッド（リクエストの種類）経由で行います。CreateはHTTPのPOSTメソッドを使い、ReadはGETメソッド、UpdateはPUTメソッド、DeleteはDELETEメソッドです。

　アプリサーバーはクライアントからのCreateとUpdate命令をRedisへのSET操作に変換し、Read命令をRedisのGet操作、Delete命令をRedisのDelete操作に変換します。ここまでの内容を図にまとめると以下の通りです。左側がREST APIの命令とレスポンスであり、中央部がRedisに対する操作、右側がRedis内のデータの状況です。

図5-18 作成するREST APIと変換されるRedis操作とRedisの状態

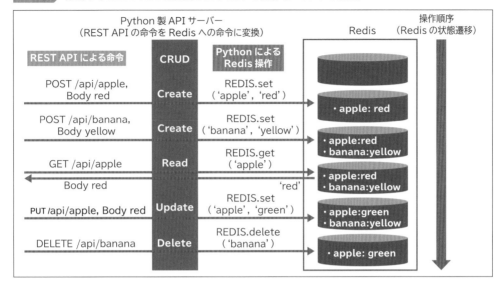

5

Composeを使ってマルチコンテナアプリを作ろう

　具体的なREST APIは後ほどFlaskで実装しますが、PythonでRedisを操作するサンプルプログラムを記載します。HTTPの各メソッドに対応する関数（getなど）の内部で対応する操作が実装されていて、プログラムの最後で図に対応する関数の呼び出しをしています。

リスト5-9 /chap5/c5redis/app/src/run.py

```
import redis
REDIS = redis.Redis(host='db', port=6379, db=0)

def get(key):
  value = REDIS.get(key)
  if value is None:
    raise Exception('key does not exist')
  return value.decode()

def post(key, value):
  if REDIS.get(key) is not None:
    raise Exception('key already exists')
  REDIS.set(key, value)

def put(key, value):
  REDIS.set(key, value)

def delete(key):
  if REDIS.get(key) is None:
```

```
        raise Exception('key does not exist')
    REDIS.delete(key)

post('apple', 'red')
post('banana', 'yellow')
value = get('apple')
print(value) # => red
put('apple', 'green')
delete('banana')
```

　コードの解説をすると、get命令ではキーを指定してバリューを指定しています。もしRedisに指定したキーがない場合は「None（何もない）」という値が得られるので、その値が得られた場合はエラー（Exception）を発生（raise）させています。値が得られた場合はバイナリ型となっているので、文字列にデコードして返します。

　post関数は「create（新規作成）」する処理なので、そのキーがすでに存在していた場合（つまりgetした値がNoneでない場合）もエラーを発生させています。put関数は更新も新規作成も許可しているので、特にチェックせずにRedisに新しいキーとバリューを登録させています。そしてdelete関数では、存在しないキーを消そうとした際にエラーを発生させています。

◎ アプリサーバー（Flask）を構築しよう

　アプリサーバーは今まで利用してきたFlaskを使い、Flaskが受けたリクエストに応じてRedisを操作してKVSのサービスをREST APIで提供します。このREST APIではURLを使ってキーを「/api/v1/keys/<キー>」として指定します。バリューを指定する必要のあるPOSTとPUTメソッドでは、HTTPボディにバリューを格納します。サーバーからの返り値はJSON形式で「{キー:バリュー}」というデータです。また、すべてのキーとバリューを取得するURLも用意されており、それは「/api/v1/keys/」となりGET命令のみを受け付けます。その返り値もJSONで「{キー1:バリュー1, キー2:バリュー2, ...}」というものです。

　このアプリサーバーには、REST APIに沿ったエラー処理も定義しています。たとえば、存在しないキーをGETメソッドで取得しようとした場合はHTTPのレスポンスコード404を返して、リソースが存在しないとクライアントに応答を返します。同様に許可されない操作（使えないメソッドの指定やPOSTを使った上書き命令）も、HTTPで定義されたレスポンスコードを返します。

　Flaskを使ったREST APIの実装は、基本的には先ほどのPythonでRedisを操作するサンプルをFlask内で実施しているだけです。以下にAPIサーバーのコードを記載します。

リスト5-10 /chap5/c5kvs/app/src/server.py

```python
import os, re, redis
from flask import Flask, jsonify, request

REDIS_HOST = os.environ['REDIS_HOST']
REDIS_PORT = int(os.environ['REDIS_PORT'])
REDIS_DB = int(os.environ['REDIS_DB'])
REDIS = redis.Redis(host=REDIS_HOST, port=REDIS_PORT, db=REDIS_DB)
APP_PORT = int(os.environ['PORT'])
app = Flask('app server')

@app.route('/api/v1/keys/', methods=['GET'])
def api_keys():
  data = {}
  cursor = '0'
  while cursor != 0:
    cursor, keys = REDIS.scan(cursor=cursor, count=1000000)
    if len(keys) == 0:
      break
    keys = [key.decode() for key in keys]
    values = [value.decode() for value in REDIS.mget(*keys)]
    data.update(dict(zip(keys, values)))
  return success(data)

@app.route('/api/v1/keys/<key>', methods=['GET', 'POST', 'PUT', 'DELETE'])
def api_key(key):
  if not isalnum(key):
    return error(400.1)
  body = request.get_data().decode().strip()
  if request.method in ['POST', 'PUT']:
    if body == '':
      return error(400.2)
    if not isalnum(body):
      return error(400.3)
  def get():
    value = REDIS.get(key)
    if value is not None:
      return success({key:value.decode()})
    return error(404)
  def post():
    if REDIS.get(key) is not None:
      return error(409)
    REDIS.set(key, body)
    return success({key:body})
  def put():
    REDIS.set(key, body)
```

```
      return success({key:body})
   def delete():
      if REDIS.delete(key) == 0:
         return error(404)
      return success({})
   fdict = {'GET':get, 'POST':post, 'PUT':put, 'DELETE':delete}
   return fdict[request.method]()

def isalnum(text):
   return re.match(r'^[a-zA-Z0-9]+$', text) is not None

def success(d):
   return (jsonify(d), 200)

def error(code):
   message = {
      400.1: "bad request. key must be alnum",
      400.2: "bad request. post/put needs value on body",
      400.3: "bad request. value must be Alnum",
      404: "resource not found",
      409: "resource conflict. resource already exist",
   }
   return (jsonify({'error':message[code], 'code':int(code)}), int(code))

@app.errorhandler(404)
def api_not_found_error(error):
   return (jsonify({'error':"api not found", 'code':404}), 404)

@app.errorhandler(405)
def method_not_allowed_error(error):
   return (jsonify({'error':'method not allowed', 'code':405}), 405)

@app.errorhandler(500)
def internal_server_error(error):
   return (jsonify({'error':'server internal error', 'code':500}), 500)

app.run(debug=True, host='0.0.0.0', port=APP_PORT)
```

　少し長いので概要だけ説明します。冒頭で環境変数から接続先のRedisを知り、Redisに接続します。そしてFlaskのインスタンスを作成しています。続く関数「**api_keys()**」では、キーとバリューの一覧を得るURLアクセスが来た際の処理を定義しています。REDISのキーをscan関数で100万個取得して、それに対応するバリューをmget関数でまとめて取得するということを、すべてのキーを取得し終えるまで繰り返します。最後に得られた組み合わせをJSON形式でクライアントに送り返しています。

　それに続く関数「**api_key()**」では、キーを指定したURLアクセスが来た際の処理を定義しています。Pythonは関数を入れ子構造にできるので、内部でHTTPのメソッドに応じた関数を4つ（get、post、 put、delete）を定義しており、アクセス時のHTTPメソッド（equest.methodで取得できる）に応じて内部関数を呼び出すことで適した処理を実施しています。それ以後の関数は上記2つの関数を手助けするヘルパー関数であったり、エラーが発生した際に返すレスポンスを定義する関数などなので、重要ではありません。最後にFlaskのインスタンスを起動することでアプリサーバーを起動します。

　このプログラムをビルドするDockerfileは以下の通りです。Redisを操作するためにインストールするPythonパッケージが増え、デフォルトの環境変数が設定されている点以外は今までとほぼ同じです。

リスト5-11　**/chap5/c5kvs/app/Dockerfile**

```
From python:3.7.5-slim
RUN pip install flask==1.1.1 redis==3.3.8
WORKDIR /src
COPY ./src/server.py /src/
ENV PORT 80
ENV REDIS_HOST 127.0.0.1
ENV REDIS_PORT 6379
ENV REDIS_DB 0
ENTRYPOINT ["python", "-u", "server.py"]
```

◎ Webサーバー（nginx）を構築しよう

　フロントにいるWebサーバー（web）が、クライアントからのアクセスをすべて引き受けます。HTMLやJavaScriptファイルなどの静的なファイルの配信をWebサーバー自身が行い、APIに対するアクセスはリバースプロキシーで後ろのアプリサーバー（Flaskコンテナ）に依頼します。

　このWebサーバーの見た目は以下の図のようなものとなります。アプリのデプロイ後にブラウザで「127.0.0.1:8080」にアクセスすると表示されます。

図5-19　**ブラウザで表示されるアプリ**

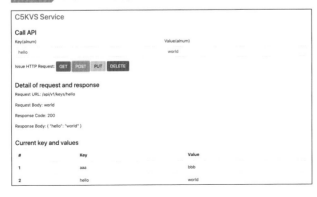

5

Composeを使ってマルチコンテナアプリを作ろう

画面はおおまかに3つのパーツから構成されており、上部のテキストボックスでKVSのキーとバリュー
の値を設定できます。テキストボックスの下にあるGET、POST、PUT、DELETEボタンを押すと、上部
で指定したキーとバリューを含んだリクエストを発行します。

中央部にはリクエストとレスポンスの内容表示と、現在のキーとバリューのペア一覧を表示していま
す。どういった操作やAPIが発行されているかを表示するためのデバッグ目的のエリアです。下部には
テーブルが表示されており、KVSサービスが持つ現在のキーとバリューのペア一覧を表示しています。
この情報はユーザー操作をトリガとした更新か定期的な更新により最新状態が保たれます。このページ
のHTMLは以下のようなものです。

リスト5-12 /chap5/c5kvs/web/html/index.html

```html
<!DOCTYPE html>
<html>
  <head>
    <meta charset="UTF-8">
    <title>C5KVS Service</title>
    <link  href="/static/favicon.png" rel="icon" type="image/png">
    <link  href="/static/css/bootstrap-4.3.1.min.css" rel="stylesheet" >
    <script src="/static/js/jquery-2.2.4.min.js"></script>
    <script src="/static/js/bootstrap-4.3.1.bundle.min.js"></script>
    <script src="/static/js/bootstrap-4.3.1.min.js"></script>
    <script src="/static/js/kvs.js"></script>
  </head>

  <body class="container">
    <h1 class="h3" style="padding-top:10px">
      <a href="/">C5KVS Service</a>
    </h1>

    <h2 class="h4" style="padding-top:20px">Call API</h2>
    <div class="row">
      <div class="form-group col">
        <label for="key">Key(alnum)</label>
        <input id="key" class="form-control" type="text"
          pattern="^([a-zA-Z0-9]{0,})$">
      </div>
      <div class="form-group col">
        <label for="value">Value(alnum)</label>
        <input id="value" class="form-control" type="text"
          pattern="^([a-zA-Z0-9]{0,})$">
      </div>
    </div>
    <p>Issue HTTP Request:
      <button id="get-button" type="submit"
```

```
          class="btn btn-primary">GET</button>
        <button id="post-button" type="submit"
          class="btn btn-success">POST</button>
        <button id="put-button" type="submit"
          class="btn btn-warning">PUT</button>
        <button id="delete-button" type="submit"
          class="btn btn-danger">DELETE</button>
      </p>

      <h2 class="h4" style="padding-top:20px">Detail of request and response</h2>
      <p>Request URL: <span id="request-url">/api/v1/keys/</span></p>
      <p>Request Body: <span id="request-body"></span></p>
      <p>Response Code: <span id="response-code"></span></p>
      <p>Response Body: <span id="response-body"></span></p>

      <h2 class="h4" style="padding-top:20px">Current key and values</h2>
      <table id="table" class="table">
        <!-- Table body will be injected by jQuery -->
      </table>
    </body>
  </html>
```

　HTMLのボディではページタイトルと上部、中部、下部が定義されています。下部のテーブルは JavaScript（jQuery）で更新されるため、HTMLとしては空になっています。ボディ内で着目するべき点 は、操作される対象のタグ（エレメント：要素）にidが与えられている点です。たとえばGETボタンは 「id="get-button"」でIDを与えられていますし、テーブルも「id="table"」としてIDを与えられています。 これらを目印として、JavaScriptのプログラムがエレメントを操作することで画面を更新します。また、 「このIDの要素がクリックされたら、この関数を呼び出す」などと定義することで、ボタン操作時の処 理などが実装されます。

　HTMLの上部のheadタグ内では、このページが必要とするさまざまなリソースを取り込んでいます。 GUIの見た目を作るBootstrapというフレームワーク関連（外観の装飾用）を除くと、REST APIのクライ アントとして使われる、「jQuery（jquery-2.2.4.min.js）」というライブラリと、JavaScriptのプログラ ム（kvs.js）がロードされています。kvs.jsはこのアプリ用に開発したもので、jQueryを使ったREST API や画面更新を担当します。コードは以下の通りです。

リスト5-13 ▶ **/chap5/c5kvs/web/html/static/js/kvs.js**

```
var refreshTable = function(){
  $.ajax({type:'get', url:'/api/v1/keys/',
    success:function(j){
      $('#table').empty()
```

```
      var hline = '<tr><th scope="col">#</th><th scope="col">Key</th>'
      hline += '<th scope="col">Value</th></tr>'
      $('#table').append(hline)

      var index = 1
      for(var key in j){
        var line = '<tr><th scope="row">' + index + '</th>'
        line += '<td>' + key + '</td><td>' + j[key] + '</td></tr>'
        $('#table').append(line)
        index++
      }
    }
  })
}

$(function(){
  $('#get-button').click(function(){
    $.ajax({type:'get', url:'/api/v1/keys/'+$('#key').val(),
      success:function(j, status, xhr){
        $('#response-body').text(JSON.stringify(j, null, '  '))
        $('#response-code').text(xhr.status)
      },
      error:function(d){
        $('#response-body').text(d.responseText)
        $('#response-code').text(d.status)
      }
    })
  })

  $('#post-button').click(function(){
    $.ajax({type:'post', url:'/api/v1/keys/'+$('#key').val(),
      data:$('#value').val(),
      success:function(j, status, xhr){
        $('#response-body').text(JSON.stringify(j, null, '  '))
        $('#response-code').text(xhr.status)
        refreshTable()
      },
      error:function(d){
        $('#response-body').text(d.responseText)
        $('#response-code').text(d.status)
      }
    })
  })

  $('#put-button').click(function(){
    $.ajax({type:'put', url:'/api/v1/keys/'+$('#key').val(),
      data:$('#value').val(),
```

```
      success:function(j, status, xhr){
        $('#response-body').text(JSON.stringify(j, null, '  '))
        $('#response-code').text(xhr.status)
        refreshTable()
      },
      error:function(d){
        $('#response-body').text(d.responseText)
        $('#response-code').text(d.status)
      }
    })
  })

  $('#delete-button').click(function(){
    $.ajax({type:'delete', url:'/api/v1/keys/'+$('#key').val(),
      success:function(j, status, xhr){
        $('#response-body').text(JSON.stringify(j, null, '  '))
        $('#response-code').text(xhr.status)
        refreshTable()
      },
      error:function(d){
        $('#response-body').text(d.responseText)
        $('#response-code').text(d.status)
      }
    })
  })

  $('#key').keyup(function(){
    var newText = '/api/v1/keys/' + $('#key').val()
    $('#request-url').text(newText)
    $('#response-body').text('')
    $('#response-code').text('')
  })

  $('#value').keyup(function(){
    $('#request-body').text($('#value').val())
    $('#response-body').text('')
    $('#response-code').text('')
  })

  refreshTable()
  setInterval(refreshTable, 5000)
})
```

　このプログラムの最上部ではHTMLのテーブルを更新する「**refreshTable**」という関数を定義しています。この関数が呼び出されると、REST APIサーバーにすべてのキーとバリューの組み合わせ一覧を要求します。サーバーからその応答が得られると、その情報にもとづいてHTMLを生成し、生成した

HTMLをブラウザで表示されているテーブルに埋め込みます。この関数はコード終盤の「setInterval(refreshTable, 5000)」により5秒おきに呼び出されるようになります。

　それ以後のプログラムは、GET、POST、PUT、DELETEボタンが押されたときの処理定義がほとんどです。「$('#get-button').click(function(){...}」という宣言は、「HTMLのタグでid:get-buttonを持つ要素がclickされたら処理を行う」というjQueryでよく使われるイベント処理方法です。それらのボタンに対するアクション定義ではブラウザのテキストエリアに入力されているキーとバリューの値を抜き出して、HTTPリクエストのURLにキーを埋め込み、ボディにバリューを埋め込んで、押されたボタンに応じたHTTPメソッドでサーバーにアクセスするという動きをします。サーバーからレスポンスが得られると、画面中央部のデバッグエリアに内容を表示し、refreshTable関数を呼び出すことでテーブルを最新の状態に更新します。

　以上がこのアプリのおおまかなコードと挙動の説明でした。ここまでに挙げていない内容（たとえばWebサーバーのDockerfile）などは今までほとんど変わらないため割愛します。

　興味がある方は、本書のダウンロードサンプルのソースコードを参照してください。

6

Dockerアプリで CI/CDしよう

SECTION 01 継続的開発とデプロイについて知ろう

多くのアプリは開発して終わりではなく、最初のバージョンを公開したあとも新機能追加や不具合修正などが必要です。それらの変更を適用したソフトウェアを作成して公開するのは手間がかかりますので、CI/CD と呼ばれる自動化手法が広まってきています。本章では Compose を使ったアプリで CI/CD を行う手法を紹介します。

◎ SCM とパイプラインを使った CI/CD の実現

使い捨てではないアプリは、継続的に開発／デプロイ (公開) される必要があります。みなさんが利用されているスマホや PC のアプリも更新が頻繁に発生しますし、利用している Web サービスの画面や機能も更新され続けています。これは裏側でアプリが開発され続けており、新しいバージョンのアプリが本番環境にデプロイされているためです。

アプリを Docker ベースで構築する場合も同じで、Docker のイメージを継続的に開発し、本番環境で古いコンテナを新しいイメージのコンテナに置き換えないとアプリを更新できません。本章では前章で学んだ Compose と「CI/CD (Continuous-Integration/Continuous-Deployment)」と呼ばれる手法を使うことで、Docker ベースのアプリ (5 章の KVS) を効率的に開発／デプロイする手法について学びます。

CI/CD を構築するツールはさまざまですが、最も重要なものを挙げろといわれれば、4 章で学んだ Git (GitHub) に代表される SCM (Source Code Management) と、本章で学ぶ Jenkins に代表される「パイプライン」です。SCM を適切に使えば過去から現在までのソースコードを管理しつつ、複数人で開発作業を行うことも容易となります。そしてパイプラインを導入することによりアプリのビルドからデプロイ (もしくはその一歩手前) までを自動化できるので、変更を加えたアプリのコードをリリースする作業が容易となります。

本書で学んでいる Docker や Kubernetes は、SCM ともパイプラインとも非常に相性がよいツールです。アプリのソースコードに加えてイメージをビルドする手順も Dockerfile としてテキストで定義でき、イメージ群をどのように使うかということを Compose ファイルでテキストして定義できます。ソースコードも Dockerfile も Compose ファイルも SCM でバージョン管理と共有ができますし、パイプラインによるビルドとデプロイも Compose を使うことで複雑さを大幅に減らすことができます。

以下に本章で構築する CI/CD 環境の全体像を記載します。

図6-1　本章で構築する Docker を使った CI/CD 構成

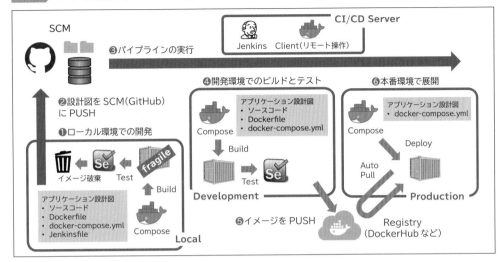

　図の左下がみなさんの PC にあたるローカル開発環境です。複数の開発者がいる場合はそれぞれがこの環境を持っています。アプリの開発は、このローカル開発環境で行われます。

　この開発環境で作成されたコードは SCM（GitHub）に Push されます。SCM を使うことによって複数の開発者が分担作業を行うことができるようになり、別々に開発されたコードがマージされて1カ所に管理されます。また変更なども記録されるので、コードが壊れてしまった場合も原因調査や復旧をしやすくなります。

　SCM にコードが Push されると図の右側の CI/CD Server（Jenkins）上のパイプラインが起動され、自動でビルドからデプロイまでの作業が実施されます。詳細は後ほど触れますが、パイプラインで何をするかはパイプラインの定義ファイルに書くことが一般的です。Jenkins であれば「Jenkinsfile」と呼ばれる定義書に書きます。パイプラインが起動されると、定義ファイルが読み込まれて記載される作業を順番に処理していきます。Docker を使ったアプリ開発であれば、図にあるように Jenkins がリモートの Docker ホストを Compose コマンドで操作することでビルドを実施します。イメージ作成に成功したらコンテナのテストを実施し、テストにパスしたら本番に使えるイメージということで、レジストリ（DockerHub）に作成したイメージを Push します。

　次の Jenkins の仕事は、**本番環境に先ほど作成したイメージをデプロイすること**です。Jenkins が本番環境の Docker ホストに対して、Compose コマンドで最新イメージを指定してデプロイ指示します。そうすると Docker ホストが自動でイメージの取得をレジストリから行い、現在動いているコンテナを最新版のものと置き換えます。これで CI/CD のすべてのステップが完了します。

◎ CI/CDではDockerを多用できる

　本書を横に置いて「CI/CD」や「DevOps（CI/CDを実現する文化）」というキーワードで、どのようなツールを使うか検索してみてください。画像検索するとおそらく以下の図の無限マークのようなものも出てくると思います。

図6-2 ▶ Docker中心のDevOpsツール

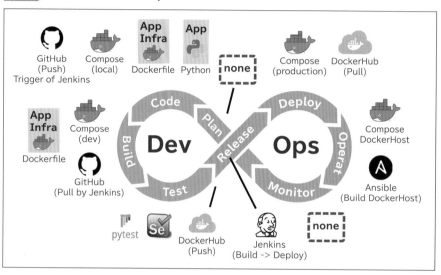

　CI/CD（DevOps）環境を構築するためには、図に示した各ステップを実現するソフトウェアが必要であり、何か1つのソフトウェアを採用すればCI/CD環境がすぐに作れるわけではありません。さまざまなソフトウェアをパーツとして組み合わせることで、自分たちのアプリに適したCI/CD環境を作るのが普通です。

　しかし、DockerをCI/CDのソフトウェアとして採用すると、各ステップで別々のソフトウェアを採用する代わりに、Dockerをさまざまなステップで利用することができます。ローカル環境でのコーディング（Code）にもDockerを使えて、ビルド環境でのビルド（Build）にもDockerを使えて、ビルドしたイメージの展開（Deploy）にもDockerを使えて、動作環境での運用（Operate）にもDockerを利用できます。

　ステップごとに異なるソフトウェアを使うと環境の構築／維持コストも大きく、何より利用方法をチーム全員が学習するコストが大きくなってしまいます。Dockerを使うことにより「Dockerと少しのツールさえ知っていればCI/CDを実現できる」という状態になるので、それらのコストを大幅に減らすことができます。本書で紹介する手法であれば、Docker以外の重要なツールは図にあるようにGitHub

（SCM）とJenkins（パイプライン）、およびテスト関連のツール（自動化することが推奨されるが省略可能）のみです。そのためDockerとGitHubを使えるようになったみなさんは、追加でJenkinsさえ覚えればCI/CDをすぐに実現できるようになります。

◎ Jenkinsについて知ろう

　Jenkinsの歴史は比較的長く、その前身となるHudsonと呼ばれるソフトウェアも含めると10年以上です。一部の先鋭的な企業やユーザーを除けば、日本でDevOpsやCI/CDという用語が多く聞かれるようになったのが2015年あたりだと思います。JenkinsはそのCI/CDやDevOpsという文化を作る土壌となったソフトウェアの1つです。よりモダンなパイプラインソフトウェアも現在は多数存在しますが、2019年末時点ではJenkinsはパイプラインのデファクトとなるソフトウェアです。

　Jenkinsが開発された経緯としてはソフトウェア開発の大規模化があります。複数の組織（チームや会社）が絡んだ開発では、どうしても開発者間の距離が遠くなります。それぞれの開発者は自分のローカル環境や組織内の環境で開発をしているため、全体として不整合が起きているという問題に気が付かないまま開発を進めてしまい、並行開発されていたコードをマージしてビルドする段階で問題が発覚するのです。ソースコードに変更が加えられてから数週間（数ヶ月）という期間が過ぎたあとで見つかるトラブルは、修正コストが高くなります。開発者はどういったコードを書いていたか忘れがちですし、問題があるコードを前提として他の箇所の開発が行われていることも多いためです。

　このマージしてビルドされるまでトラブルが発覚しないという問題に対して、Jenkinsは「自動でソースコードをコンパイルしてビルドする」という手法で解決を試みました。大規模なソフトウェアは全体としてのビルドコストが高いため、複数組織で開発されたコードをマージしてビルドするという作業が後回しにされがちでした。ただ、JenkinsがSCMに集められた複雑なコードを機械的にビルドしてテストをすることで、ソースコードに変更を加えた段階で全体としての整合性に問題がないかをすぐにチェックできるようになりました。今まで数週間後に見つかっていたソースコードの問題が、変更を加えてすぐに見つかるようになれば修正コストは大幅に下がります。

　こういった背景から、JenkinsはJavaやその他のコンパイルが必要な言語で作られたアプリをビルドする目的で利用されていました。ただ、Jenkinsが実現するパイプラインの概念はJavaなどのコンパイル以外でも使えるため、さまざまな開発者がさまざまな使い方で利用しています。本書で紹介する手法も、私がDockerベースのCI/CDパイプラインを構築したいがためにいろいろと試行錯誤して編み出した使い方であり、実際にこれを使ってDockerやKubernetes（この手法と若干違うが根本は同じ）の中規模アプリをいくつか開発しています。紹介する手法ではJenkinsの機能をフルに活用するというよりも「パイプラインのおおまかな処理はJenkinsに担当させ、込み入った部分はすべてDockerやKubernetesおよびLinuxコマンドに任せる」という使い方をしています。そのため、5章までの内容をきちんと理解していれば、本書のJenkinsの利用法を少し変更するだけでご自身のDockerアプリ用の

パイプラインを作成することができるはずです。

◎ Jenkinsfileを使ったパイプラインの作り方を知ろう

　Jenkinsにパイプラインの処理を定義する方法はいくつかありますが、本書では「Jenkinsが取得する
SCM（GitHub）のリポジトリにパイプラインの定義ファイルを乗せる」という方法を使います。Jenkins
がパイプライン処理を開始するタイミング（リポジトリに変更があったことを検知するか、手動でビル
ドを開始）で、アプリのソースコードと一緒に「Jenkinsfile」と呼ばれるパイプラインの定義書をSCM
から取得して、それに書かれた通りのパイプライン処理を実施します。

　Jenkinsfileを使う方法以外にも、ブラウザ上のJenkinsの設定画面でパイプラインの定義を記載する
という方法もあります。ただ、「CI/CDを実現するパイプライン自体もアプリの一部」だと考えると、そ
の処理内容はソースコードと一緒にSCMで管理されることが望ましいです。そうすることでパイプラ
インもSCMでバージョン管理できますし、別のJenkinsサーバーでも同じパイプラインを簡単に利用で
きるようになります。Jenkinsの設定画面でのパイプライン定義ではなく、Jenkinsfileを使ったパイプ
ラインの定義を強くおすすめします。

　このJenkinsfileには、パイプライン処理の内容を「Groovy」というスクリプト言語で書きます。
Groovyは多くの方が触ったことがない言語かと思いますが、パイプライン処理には複雑なプログラム
を書くわけではないのでGroovy言語を理解していなくても定義はできます。本書ではシェルコマンド
（dockerコマンドやcomposeコマンドなど）をひたすら並べる使い方をしますので、コピー＆ペースト
でパイプラインを見よう見まねで変更すれば、実行したい処理を定義できるはずです。

　なお、Jenkinsにもバージョンがあり、メジャーバージョンがv1からv2になるタイミングでJenkins
に大幅なアップデートが施されました。パイプライン機能はそこで追加されていますので、v2系の
Jenkinsを準備してください。本書では執筆時点（2020年6月）で比較的新しいv2系のバージョン（具
体的には2.190.1）を使っており、次節の手順通りにJenkinsが展開されていればこれがインストールさ
れているはずです。

Dockerベースの CI/CD 環境を準備しよう

パイプラインを実行する前に環境を準備します。具体的には「ローカル開発環境」「GitHub のリポジトリ」「Docker ホスト上の Jenkins」「ビルド用の Docker ホスト」「本番用の Docker ホスト」となります。それらが準備できたら Jenkins にパイプラインを実行するための設定を施します。

◎ 環境の全体構成を把握しよう

パイプラインによる CI/CD を実現するには個人のローカル開発環境よりも大きな環境が必要となります。本書では必要最低限と思われる以下の構成をとります。青枠が環境で矢印がホストごとの連携です。

図6-3 ▶ CI/CD 環境の構成図

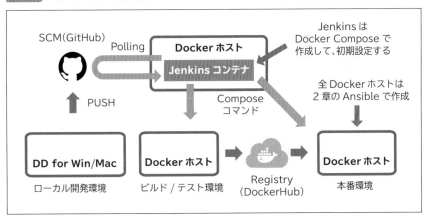

この構成では Jenkins のサーバーと、2台の Docker ホスト（ビルド用と本番用）が必要となります。Jenkins 自体も Docker のコンテナとして利用するので、構築する Docker ホストは合計3つとなります。本来はこれに加えてテスト環境（QA）やステージング環境（本番一歩手前）を分けることが多いのですが本書では省略します。

連携がとれた Docker ホスト2台と Jenkins の構築は、慣れてくればおよそ半日程度で終わると思いま

す。ただし、アプリを動かし続けるのであれば構築して終わりではなく、それを動かすホスト環境（ベアメタル、仮想マシン、クラウド上のインスタンス）もメンテナンスされる必要があります。別のアプリなどを構築するのであれば管理される合計のDockerホスト数は数十数百となり、その維持はどんどん重荷になってしまいます。アプリより上の世界をDockerで構成管理するように、これらの低いレイヤーもさまざまな構成管理ツールで面倒を見るべきです。

　図のホストは2章で紹介したAnsibleにより構築できますし、その上で動くJenkinsも5章のようにComposeで管理できます。本章の内容を試すのであれば2章のAnsibleを使ってホストを作り、このあと紹介するComposeでJenkinsを作成してください。もちろん勉強のために自力で同等の構成を作成してもらっても構いません。

◎ Dockerホスト上にJenkinsを用意しよう

　構成が把握できたところで、Jenkinsの環境を作成しましょう。サンプルファイルに含まれる「c6jenkins」というディレクトリにJenkinsコンテナの構築に必要なファイル一式が収められています。このJenkinsにはあらかじめ用意されたSSH鍵のファイルが配置されるので、2章で紹介したAnsibleで構築したDockerホストに対してパスワードなしでSSHできるように設定されます。

　Composeファイルがあるディレクトリで、5章の手順でComposeを使ったイメージのビルドとコンテナの起動をしてください。

図6-4 ▶ Jenkinsコンテナの構築

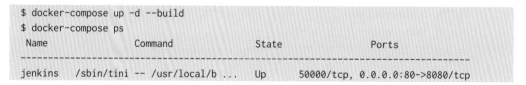

```
$ docker-compose up -d --build
$ docker-compose ps
 Name          Command              State              Ports
---------------------------------------------------------------------------
 jenkins    /sbin/tini -- /usr/local/b ...   Up      50000/tcp, 0.0.0.0:80->8080/tcp
```

　問題なく立ち上がれば、Dockerホストのポート80番でJenkinsのサービスにアクセスできるはずです。ブラウザで表示すると、初回起動時は「Unlock Jenkins」と表示され、Jenkins上の「/var/jenkins_home/secrets/initialAdminPassword」に生成されたパスワードの入力が求められます。

指定されたパスのファイルの内容を、「docker container exec」コマンドでcat コマンドを発行して確認します。なお、以下の実行例のパスワードは私の環境で生成されたものなので、ご自身の境でパスワードを確認してください。

図6-5 **Jenkins の初回起動**

図6-6 パスワードを確認

```
# docker container exec jenkins cat /var/jenkins_home/secrets/initialAdminPassword
2ac23413286a408ea1516e4f8097c201
```

確認できたパスワードを、ブラウザの「Unlock Jenkins」のページにコピー＆ペーストして次に進んでください。プラグインの選択が求められた場合は最小構成ではなく指示されるままにデフォルトのものをインストールしてください。

図6-7 **Jenkins プラグインのインストール**

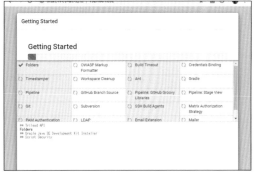

プラグインの完了後に管理ユーザー登録が求められるので情報を入力してください。本書ではユーザー名とフルネームを「docker」とし、パスワードは「docker/4u」としています。登録が完了すればJenkins を使えるようになります。すべての設定完了後にJenkins にログインすれば「Jenkins のJob を定義してください」と表示されている画面が見えるはずです。Job の定義は後ほど行いますので、これでインストールは完了です。

6

Docker アプリで CI/CD しよう

図6-8 Jenkins へのユーザー登録

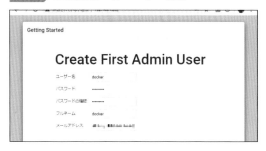

　なお、Jenkins の構築が完了したら exec コマンドの bash なりで Jenkins コンテナにログインし、開発環境と本番環境の2台の Docker ホストに対して名前ベースで SSH 接続を実施してください。これには Jenkins ホストに接続先の Docker ホストを記憶させるという意味と、パスワードレスでログインできることを確認するという2つの意味があります。もし Jenkins がパイプラインを実行している間に「このホストに接続しますか?」もしくは「パスワードを入力してください」などと入力を求められてしまえば、自動で実行されるパイプラインはそこで停止して失敗します。そういったことが発生しないように事前に環境を整えておきます。また、DockerHub へもログインしておきます。

図6-9 Jenkis ホストから他の Docker ホストに SSH 接続する

```
# docker container exec -it jenkins ssh root@192.168.1.33
The authenticity of host '192.168.1.33 (192.168.1.33)' can't be established.
ECDSA key fingerprint is SHA256:OEsU4CWU1cwDBZJoWp9QHc6u0iPUg/+P8jGklQr104k.
ECDSA key fingerprint is MD5:15:ce:f2:aa:32:68:f5:b4:28:f0:49:b9:21:2f:f6:85.
Are you sure you want to continue connecting (yes/no)? yes
Warning: Permanently added '192.168.1.33' (ECDSA) to the list of known hosts.
Last login: Thu Mar 12 01:51:47 2020
[root@localhost ~]# exit
logout
Connection to 192.168.1.33 closed.
# docker container exec -it jenkins ssh root@192.168.1.86
中略
# docker container exec -it jenkins ssh docker login
```

　なお、本書が提供する「Ansible の Docker ホスト作成の Playbook」と「Jenkins 作成の Compose ファイル」を利用していれば鍵設定が事前にされていますが、もし自前でこれらを用意したのであればパスワードレスでログインできるように設定しなければなりません。具体的には Jenkins コンテナ上から2つの Docker ホストに対して2章で説明した ssh-copy-id コマンドなどで鍵設定をするということです。これ以後は Jenkins と2台の Docker ホストの準備ができているものとして話を進めます。

◎ GitHubリポジトリを作成しよう

Jenkinsのパイプラインはローカル環境からのコードのPushを起点として開始されます。4章で GitHubを使う環境を整えて「docker-kvs」というリポジトリを構築する解説をしているので、まだ構築 していない場合はそれを参照してリポジトリを作成してください。作成するリポジトリ名はdocker-kvsとして話を進めますが、もちろん好きなリポジトリ名を使っていただいて構いません。なお、4章 のGitHubの解説で利用したコードは本章で使いませんので、ローカルリポジトリ上から余計なファイ ルを消してしまってください。ただし、ディレクトリ上にある隠しファイル「.git」や「.gitignore」はGit が利用するファイルなので消さないように注意してください。

docker-kvsのローカルリポジトリ上に本書が提供する「docker-kvs」のディレクトリ内容をコピーし、 GitHubデスクトップでCommit/PushしてGitHub上でそれが確認できれば事前準備は完了です。リポ ジトリの一番上のディレクトリにdocker-composeのファイル群がある構成となります。具体的には ローカルリポジトリとなるディレクトリの直下に「docker-compose.prod/build/local.yml」と「app/ apptest」および「web/webtest」と「Jenkinsfile」がある構成です。

◎ Jenkinsfileを確認しよう

これからCI/CDのパイプラインを作成するためにJenkinsをセットアップすることになりますが、そ の前にパイプラインの定義ファイルであるJenkinsfileを確認します。このファイルはComposeファイル と同じ階層、つまりSCMのリポジトリの最上位階層であるアプリのルートディレクトリに存在して います。

リスト6-1 **/chap6/c6cicd/Jenkinsfile**

```
pipeline {
  agent any
  environment {
    DOCKERHUB_USER = "yuichi110"
    BUILD_HOST = "root@10.149.245.115"
    PROD_HOST = "root@10.149.245.116"
    BUILD_TIMESTAMP = sh(script: "date +%Y%m%d-%H%M%S", returnStdout: true).trim()
  }
  stages {
    stage('Pre Check') {
      steps {
        sh "test -f ~/.docker/config.json"
        sh "cat ~/.docker/config.json | grep docker.io"
```

```
          }
        }
        stage('Build') {
          steps {
            sh "cat docker-compose.build.yml"
            sh "docker-compose -H ssh://${BUILD_HOST} -f docker-compose.build.yml down"
            sh "docker -H ssh://${BUILD_HOST} volume prune -f"
            sh "docker-compose -H ssh://${BUILD_HOST} -f docker-compose.build.yml build"
            sh "docker-compose -H ssh://${BUILD_HOST} -f docker-compose.build.yml up -d"
            sh "docker-compose -H ssh://${BUILD_HOST} -f docker-compose.build.yml ps"
          }
        }
        stage('Test') {
          steps {
            sh "docker -H ssh://${BUILD_HOST} container exec dockerkvs_apptest pytest -v
test_app.py"
            sh "docker -H ssh://${BUILD_HOST} container exec dockerkvs_webtest pytest -v
test_static.py"
            sh "docker -H ssh://${BUILD_HOST} container exec dockerkvs_webtest pytest -v
test_selenium.py"
            sh "docker-compose -H ssh://${BUILD_HOST} -f docker-compose.build.yml down"
          }
        }
        stage('Register') {
          steps {
            sh "docker -H ssh://${BUILD_HOST} tag dockerkvs_web ${DOCKERHUB_USER}/dockerkvs_
web:${BUILD_TIMESTAMP}"
            sh "docker -H ssh://${BUILD_HOST} tag dockerkvs_app ${DOCKERHUB_USER}/dockerkvs_
app:${BUILD_TIMESTAMP}"
            sh "docker -H ssh://${BUILD_HOST} push ${DOCKERHUB_USER}/dockerkvs_web:${BUILD_
TIMESTAMP}"
            sh "docker -H ssh://${BUILD_HOST} push ${DOCKERHUB_USER}/dockerkvs_app:${BUILD_
TIMESTAMP}"
          }
        }
        stage('Deploy') {
          steps {
            sh "cat docker-compose.prod.yml"
            sh "echo 'DOCKERHUB_USER=${DOCKERHUB_USER}' > .env"
            sh "echo 'BUILD_TIMESTAMP=${BUILD_TIMESTAMP}' >> .env"
            sh "cat .env"
            sh "docker-compose -H ssh://${PROD_HOST} -f docker-compose.prod.yml up -d"
            sh "docker-compose -H ssh://${PROD_HOST} -f docker-compose.prod.yml ps"
          }
        }
      }
    }
```

おおまかな構成はpipeline（パイプラインの定義）の下に、**environment**（変数の定義）と**stages**および**stage**（ステージ）があるというものです。ステージは簡単にいってしまうと、パイプラインにおける「ビルドやテスト、デプロイ」といった大きな単位での処理です。ステージの下には「**steps**（ステップ）」という具体的な処理の定義があります。ステップの下にある"sh"はシェルの実行命令で、その後ろがJenkinsが発行するシェルのコマンドです。見てもらうとわかるようにほとんどシェルコマンドの羅列であり、この構造に沿ってステージを足したり、新しいコマンドを追加するだけでパイプラインを定義ができます。パイプラインを定義するGroovyのプログラミングっぽいところは、environment内にあるタイムスタンプの生成ぐらいなものです。

ここで定義されるビルドやデプロイといったステージはCI/CDを使った開発方式において採用されている標準的なものです。もちろん利用するツールに依存して他の手順を使いますが、おおまかには「事前準備をしてビルドをしてテストをしてデプロイする」という流れとなります。各ステージの詳細は後ほど解説していきますが、以下にステージごとの概要をまとめます。

1. **environment: 変数の定義**
2. **Pre Check: 以後のパイプライン処理を開始してよいかの事前確認**
3. **Build: ビルド用Compose でビルド環境でイメージをビルドしてコンテナを起動**
4. **Test: テスト用のコンテナで、起動されたアプリ（コンテナ群）にテストを実施**
5. **Register: テストにパスしたイメージにタグを与えてDockerHub に Push する**
6. **Deploy: 本番用Compose を使って Push されたイメージを本番環境にデプロイする**

みなさんが実際にパイプラインを動かす際は、最初の変数の定義は上記サンプルをそのまま使うのではなく、ご自身の環境にあったものに変更してもらう必要があります。DockerHubに登録したユーザー名に「DOCKERHUB_USER」の値を変更し、ビルド用のホストとプロダクション用のホストのIPを実際の環境のものに変更してください。BUILD_TIMESTAMPはそのままにしておいてください。

リスト6-2 **Jenkinsfile（抜粋）**

```
environment {
  DOCKERHUB_USER = "<DockerHubのユーザー名>"
  BUILD_HOST = "<root@ビルド環境のIP>"
  PROD_HOST = "<root@本番環境のIP>"
  BUILD_TIMESTAMP = sh(script: "date +%Y%m%d.%H%M%S", returnStdout: true).trim()
}
```

注意が必要なのは、ビルド環境（BUILD_HOST）や本番環境（PROD_HOST）の指定はホスト名やIPアドレスだけではなく、ユーザー名が必要な点です。dockerコマンドによるリモートホストでは接続先にユーザー名を指定しない場合は、SSHコマンドと同じログインユーザー名でアクセスしようとします。

つまりユーザーを指定しないとJenkinsコンテナのユーザーであるjenkinsでそれらのホストに接続しようとしますので失敗します。そうならないようにするために、ご自身の環境にあったDockerホストを操作するのに適切なユーザー名（rootなど）を指定してください。

◎ Jenkinsのジョブを作成しよう

　準備ができたところでJenkinsの設定に入りましょう。ブラウザでJenkinsにアクセスし、登録したユーザーでログインしてください。そしてページ左側か中央（ジョブがない場合）より、ジョブ（**Job**）の作成ボタンを押してください。ジョブは開発のプロジェクト相当の単位だと思ってください。

　ジョブ作成ページではジョブ名と、ジョブの種類の選択を行います。ジョブ名は何でも構いませんが、ここでGitHubのリポジトリ名と同じく「docker-kvs」とします。選択するプロジェクトはパイプライン機能を利用するので「パイプライン」を選択してください。すると、以下のような画面が開いてジョブの定義ページが開きます。

図6-10　Jenkinsのジョブ（パイプライン）定義ページ

　パイプライン処理の具体的な内容はGitHubリポジトリ上にJenkinsfileに定義されているため、ここで設定する項目は多くありません。具体的には「どのSCMのリポジトリを参照するか」「どうやってリポジトリのデータを取得するか」「パイプラインの定義ファイル名の設定」だけです。Jenkinsのバージョンが本書より新しくなってデザイン変更されている可能性もありますが、おおまかにはページの上から以下の設定を順に実施すれば動くはずです。

　まず大項目の「**General**」で「**GitHub Project**」にチェックを入れます。そして自分のGitHubリポジトリのURLをブラウザで確認し、それを「**Project url**」として入力します。リポジトリ名がdocker-kvsであれば「https://github.com/＜ユーザー名＞/docker-kvs」などとなるかと思います。「高度な設定」は不要なのでスキップします。

　次に大項目「ビルドトリガ」の設定をします。ここではパイプラインを開始するきっかけを選びますが、本書では「SCMをポーリング」を使いますのでそれをチェックしてください。これで定期的にSCM

（GitHub）を監視（ポーリング）しに行って更新（Pushされている）があると、ビルドを実行するように
なります。SCMをポーリングの下にあるスケジュール欄では、ポーリングを実施する頻度を設定でき
ます。少し頻度が高いのですが、しばらくは実験目的で変更が発生しやすい状況なので毎分と設定しま
す。設定方法は横の「?」ボタンを押せば表示されますが、「＊＊＊＊＊」と設定をすれば毎分となります。実
験が終わったらもう少し頻度を下げることが望ましいです。

COLUMN | **Web Hook**

ちなみに「SCMに変更があったらすぐにビルドする」処理を「Webホック（**Web Hook**）」という仕組みを
使っても実現できます。GitHubがJenkinsに対して「Pushされたからビルドして」とお願いするようなも
のですが、それを使う場合は当然ながらGitHubからJenkinsに対して通信を行う必要があります。つまり、
インターネット経由でGithubに直接Jenkinsにアクセスさせるので、Jenkinsにグローバル IPを与えるか、
グローバルIPを持つ物理ルーターなどでNATのポートフォワーディングの設定が必要だということです。
知識があってもできない環境の方が多いと思いますので、本書ではポーリング方式を採用します。

　大項目の「プロジェクトの高度な設定」を飛ばして、最後の設定項目が「パイプライン」です。ここで
はどのようにしてパイプラインを定義するかを決めますが、GitHub上のJenkinsfileを利用する場合は
「Pipeline script from SCM」を選択してください。日本語に訳すと「SCM上のパイプラインスクリプト
を使う」という意味です。そして表示された追加項目の「SCM」でGitを選択し、「リポジトリ」項目に先
ほどのGitHubのリポジトリのURLを再度登録してください。GitHubのリポジトリをパブリックで作成
していた場合は誰でもアクセスできるので、Jenkinsも認証情報なしでアクセスできます。その下の「ビ
ルドするブランチ」という項目は、デフォルトのまま「master」としておいてください。以上で設定終了
なので、一番下にある保存ボタンで設定を保存します。

POINT

もし**GitHub**でプライベートリポジトリを利用しているのであれば、**Jenkins**がそのリポジトリにア
クセスするための認証情報の設定が必要となるので注意してください。

　今回は設定しませんでしたが、更新がなくても定期的にビルドする設定（たとえばAM2:00に毎日ビ
ルドするなど）にしておくことがあります。ソースコードの変更が発生していなくても、依存環境の変
化などでビルドやデプロイに失敗するケースを早めに洗い出すためです。新しいバージョンを開発／リ
リースしようと思った段階で、環境トラブルによりCI/CDできないことが発覚すると面倒なので、更新
頻度が低いアプリでも確認のために定期的なビルドを推奨します。

SECTION
03 パイプラインを実行してみよう

パイプラインはJenkinsのジョブページかSCMへのPushをトリガとして開始されます。パイプラインの手動実行と実行ログを確認したあとで、SCMへの変更を発生させて自動ビルドを試します。最後に各パイプラインのステージ（事前チェックからデプロイまで）と、パイプラインを起動するまでの作業（ローカルでの開発からSCMへのPushまで）を順に解説していきます。

◎ 手動ビルドでパイプラインを実行してみる

　Jenkinsでジョブを作成したので、Jenkinsfileに定義されるパイプラインを動かすことができます。初回なのでとりあえずパイプラインが成功することを確認できるまで手動でパイプラインの実施を繰り返します。ジョブページの左側に操作パネルがあるので、そこで＜ビルド実行＞ボタンを押せばビルドが開始されます。なお、ここでいう「ビルド」とはJenkinsのパイプライン自体の用語であり、パイプライン処理の一部であるビルド（イメージの作成）ではありません。紛らわしいですが、どちらを意味するかは文脈から判断してください。Jenkinsでビルドを実行すると、ページの右下にパイプラインの実行結果（Stage View）が作成されます。

図6-11　Jenkinsのジョブページ

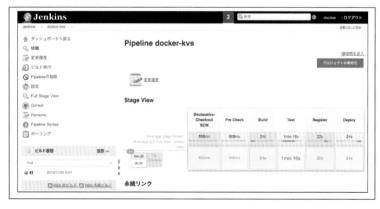

ビルド実行前にJenkisfileをSCM（本書ではGitHub）にPushしてください（P.193参照）。

　右下の実行結果はビルドが完了してから追加されるのではなく、実行中にリアルタイムで更新されていきます。四角い枠が各ステージを表しており、緑色は成功で赤色は失敗を意味しています。失敗したステージ以降はすべてのステージがスキップされて実行されません。中途半端な状態で後続処理がされてしまうほうが問題なので、期待されない状態になったら即座に失敗するようにパイプライン内のコマンドなどを定義してください。ステージビューを確認すると、表示されている各ステージ名が、先ほどのJenkinsfileのステージ名と対応していることがわかります。それぞれの項目でかかった時間も表示されるので、ビルドに時間がかかる場合のボトルネックとなるステージを簡単に特定できます。

　なお、Jenkinsのトップページには「Wether Report（天気予報）」という各ジョブの最近のビルド状況を表示する機能があります。ビルドに成功していれば晴れ模様で問題なしとなり、失敗が続けば雷雨マークとなり要注意と表示されます。アプリやビルド環境およびパイプライン自体の品質が低かったりすると天気がすぐに崩れます。ビルドとデプロイは常に成功することが望ましいので、開発中のソフトウェアの品質だけでなく、Jenkinsfileの品質や、ビルド環境やデプロイ環境といったインフラの品質、およびテストされていない雑なコードをPushしないといった開発文化も向上させる必要があります。

◎ ビルドの履歴を確認してみる

　ビルドを一度でも実行すると、ジョブページの左下にビルド履歴が表示されます。先の図でいうと「#1」です。Jenkinsは各ビルドの結果を保持しており、この履歴をクリックすることで詳細ページへ移ります。そこで＜Console Output＞をクリックすると、Jenkinsがビルドを実行した際のログが確認できます。ビルド完了後だけでなくビルド中もリアルタイムに更新されるログを見られます。

図6-12 ログの例

```
Started by user docker
Obtained Jenkinsfile from git https://github.com/yuichi110/docker-kvs
Running in Durability level: MAX_SURVIVABILITY
[Pipeline] Start of Pipeline
中略

[Pipeline] stage
[Pipeline] { (Pre Check)
[Pipeline] sh
+ test -f /var/jenkins_home/.docker/config.json
```

6

Docker アプリでCI/CDしよう

```
[Pipeline] sh
+ cat /var/jenkins_home/.docker/config.json
+ grep docker.io
    "https://index.docker.io/v1/": {
[Pipeline] }
中略

[Pipeline] stage
[Pipeline] { (Build)
[Pipeline] sh
+ cat docker-compose.build.yml
version: '3.7'
中略

[Pipeline] End of Pipeline
Finished: SUCCESS
```

　紙面だとわかりにくいですが、「[Pipeline]」から始まる薄いグレーの行がJenkinsが注釈のために付けた出力で、黒字がユーザーが書いた処理字体とそれから発生した出力です。

　このログをビルドが失敗した際に読むことで原因究明のヒントが得られます。そのため、パイプラインの処理自体には関係はなくても、ステージ内で設定ファイルを出力するなどしておけば調査時に役に立ちます。たとえばBuildステージの中にある「sh "cat docker-compose.build.yml"」はパイプラインの実行自体には意味はありませんが、定義ファイルをログに残すために使われています。

　もしビルドに失敗した場合は表示されるログに従ってソースコードやビルド環境を修正します。ビルドの失敗は必ずしもアプリのバグを意味するのではなく、Jenkins自体やビルド環境のトラブルの可能性もあります。たとえばJenkinsがDockerホストにログインできない場合なども、リモートへのDockerコマンドが発行できずにビルドに失敗するはずです。新規作成したパイプラインでいきなりビルドに成功させるのは至難です。最初から完璧なパイプラインを作成しようとするのではなく、きちんと動くシンプルなものを作成し、それを育てていく形で望むパイプラインを作っていくのがよいと思います。

◎ SCMを更新して自動でパイプラインを実行させよう

　先ほど手動でビルドしたので、アプリが本番環境用のホストの80番ポートに展開されているはずです。ブラウザでアクセスすると5章で構築したKVSアプリが「DockerKVS Service」というタイトルで展開されています。このアプリのコードを変更してGitHubにPushしてみます。どこを変更しても構いませんが、ここではソースコードの「web/html/index.html」を開いて、タイトルを「<a href="/">DockerKVS Service</a>」から「<a href="/">Hello Service</a>」に変更してGitHub DesktopでCommit/Pushする

ことにします。

　Jenkinsのジョブ画面（ビルド履歴が表示されているページ）を見ていると、設定がきちんとされていれば自動でビルドが開始されるはずです。これは先の設定でJenkinsが定期的にGitHubにポーリングするようにしており、Jenkinsが新しいコードがPushされていることを発見したためです。もし開始されない場合はGitHubにちゃんとPushされているかと、Jenkinsのジョブの設定が正しいかを見直してください。手動でのビルドに成功したのであれば、Jenkinsのジョブ設定の問題だと思われます。

　このビルドに成功していれば、本番用ホストで展開されているアプリのタイトルが「Hello Service」にアップデートされているはずです。つまり、これから解説するように自動でビルド用ホストがイメージを作成し、それを本番用ホストがデプロイしたということです。1回のビルドとデプロイであれば人間が手動でやっても構わないかもしれませんが、毎日それを繰り返すとなると自動化のメリットの大きさが実感できるのではないでしょうか。

◎ Jenkinsfileの処理を見てみよう

　ここからは先ほど紹介したJenkinsfileに書かれたパイプラインの各処理を解説します。本書で採用した手法はあくまでもパイプラインの一例に過ぎませんが、その内容をきちんと把握できればご自身の環境に適したパイプラインの構築に役立つはずです。

◎ パイプライン実行前1: ローカル環境での開発

　開発という大きな視点で考えるとCI/CDの最初の地点は「開発者のローカル環境での開発」です。これはJenkinsのパイプラインの外の世界の話なのでJenkinsやJenkinsfileは関与していませんが、今後のステージに関わる設計などもありますので簡潔にステップごとに解説していきます。

　本章のアプリは5章でComposeを使って開発したKVSアプリと違いはありません。ただし、同じく5章で説明した効率的な開発手法（開発はBindし、本番用はCOPY）を使い、本番環境ではビルド環境で作った本番用イメージを使います。そのため、イメージを使う環境ごとに以下のComposeファイルを用意しています。

- ローカル開発用: docker-compose.local.yml
- ビルド用: docker-compose.build.yml
- 本番環境での展開用: docker-compose.prod.yml

複数のCompose ファイルを環境ごとに用意するというのは、アプリに設計変更が発生したら全部を修正する必要があるというデメリットがあります。ただ、5章で説明した.env ファイルなどを使って環境ごとの差分を補うには定義の違いが多すぎる場合は無理にまとめず、環境ごとに Compose ファイルを用意したほうが見やすくなります。

上記のローカル開発用のCompose ファイルは複数人の開発であれば開発者ごとに用意したり、

チームごとに用意してもよいと思います。ただし、設計の更新を全員が Compose ファイルにきちんと反映できるという保証がないため、可能であればプロジェクトをリードするエンジニアたちが作成した Compose ファイルを開発者全員が利用することが望ましいでしょう。

◉ パイプライン実行前2: GitHub への Push

パイプラインを使ったCI/CD方式の開発では、「常にビルドとデプロイが成功すること」を目標にします。これを実現するためには、リモートリポジトリにPushされるコードがきちんと動作するものである必要があります。動かないコードがどんどんPushされれば、「常にビルドが成功して、動くアプリを提供できる」という目標が達成できなくなり、ソフトウェアの品質が低下します。動くコードは「ローカルでのComposeによるビルドに成功する」ことはもちろんですが、それに加えて「ローカルでのテストにパスする」ことが大事です。テストについてはJenkinsでも実施されるためここでは割愛しますが、実際にコンテナを起動させてそれがきちんと動作しているかをチェックします。開発ポリシーで「Pushする前に必ずローカル環境でもテストにパスさせること」と決めておくことで、リポジトリ上で最低限のソフトウェア品質を担保できます。

なお、メジャーリリース（大きな新機能の追加やアプリの内部設計変更）の新規開発では、「ビルドできてテストにパスするコード」は開発がかなり進んだ段階ではじめて実現できます。さすがにそこまでSCMを使えないのはよくないので、ブランチを分けるなどしてCI/CDなしでバージョン管理できるようにすることが多いようです。

ただし、ブランチを分けて他のサービスとの連携を確認せずに開発するのは、最後のマージのタイミングで大きな問題が発覚するというリスクがあります。一部はモック（表面的に動作する実装）でも構わないので、全員が共有できるアルファ版やベータ版の開発用のリポジトリなりを用意するほうがよいかもしれません。こういったトピックは長くなるので本書では割愛しますが、継続的リリースやDevOpsを扱う専門書籍にまとめられていますので参照してみてください。

◉ パイプライン実行前3: コード取得とパイプライン起動

SCM（GitHub）のリポジトリに対してポーリングを行っているJenkinsは、リポジトリにソースコードがPushされたことを知ると、最新版のコードをローカルに取得してきます。つまり、Jenkinsのジョブのディレクトリ内にソースコードやCompose ファイル、Jenkins ファイルなどがリポジトリの内容

そのままにコピーされます。以後のパイプライン処理のComposeコマンドを使った操作ではそれらが利用されます。

取得してくるコードの中にはJenkinsfileが含まれているので、Jenkinsはそれに書かれる最新のパイプライン定義に従って自動処理を開始します。なお、Jenkinsのジョブで定義したパイプラインファイル名とSCM上のパイプラインの定義ファイルは同名にしておく必要があります。デフォルトはJenkinsfileですが、もし複数のパイプライン（定義ファイル）を1つのリポジトリ上で使いたい場合は、パイプラインの定義ファイルに別名を付けて、それをJenkins上のJobの設定で指定してください。

◎ パイプライン処理1：変数の定義

Jenkinsのパイプラインでいきなりビルドを開始しても構わないのですが、一般的にはビルド前にその準備を実施します。Jenkinsfileの冒頭にある「environment」による変数設定はその1つです。

リスト6-3 ▶ **Jenkinsfile（抜粋）**

```
environment {
    DOCKERHUB_USER = "yuichi110"
    BUILD_HOST = "root@10.149.245.115"
    PROD_HOST = "root@10.149.245.116"
    BUILD_TIMESTAMP = sh(script: "date +%Y%m%d-%H%M%S", returnStdout: true).trim()
}
```

Jenkinsには「組み込み変数」と呼ばれる自分で定義しなくても使える変数があります。先ほどビルドしたタイミングで「1」「2」とビルド番号が増えていきましたが、このビルド番号はパイプライン中で組み込み変数「BUILD_ID」として参照できます。組み込み変数以外のユーザー定義の変数を利用したい場合は、上記のenvironmentにて定義を行います。プログラミングでいえばここは定数の設定エリアにあたります。

パイプラインでは必ずしも変数を使う必要はありませんが、利用されるパラメーター的なものは変数を使うべきです。たとえば上記の「BUILD_HOST」のようにビルド用のDockerホストに変数を使わなければ、ビルド用ホストを別のマシンに変更したらJenkinsfileの全体を変更しなければなりません。一方、変数を使っていれば変数の定義箇所（environment）のみ変更すれば、それを参照するステージ内の処理はまとめて変更されます。変数の利用は変更の大変さを解消するだけでなく、変更し忘れといったトラブルを防ぐ意味でも大事です。

なお、4つ目の変数の「BUILD_TIMESTAMP」は名前の通り、ビルドを実施する際のタイムスタンプを設定しています。タイムスタンプは最終的にイメージのタグとして利用されるので、それに適したフォーマットとしています。たとえば2019年12月24日16時14分12秒にビルドが実行されると、

「20191224-161412」というタイムスタンプが生成されます。ビルド環境でイメージをPushする際にタイムスタンプのタグを付けて、本番環境でPullする際にタグを指定します。そうすることで複数のバージョンのイメージをリポジトリに保存しつつ、特定の回でビルドされたイメージを本番環境で使うことができます。このタイムスタンプ作成コードは私も検索して拾ってきて使い回しているぐらいなので、あまり細かいことにこだわらなくてもよいと思います。

　わざわざGroovyの複雑な書式を使ってまでタイムスタンプを作成しなくても、先ほど紹介した組み込み変数の「BUILD_ID」を使えばビルド番号を区別できると思われるかもしれません。そうではなくわざわざタイムスタンプを使っているのは、「ビルドを行うJenkinsサーバー」への依存を少なくするためです。たとえば、使い古したJenkinsがビルド番号の100まで進んでいるとしましょう。そのJenkinsサーバーをJenkinsのバージョンアップの際に捨てて、新しいJenkisイメージでJenkinsコンテナを展開すればビルド番号が1から開始されます。以前のJenkinsで作成されたタグ100のイメージより、新しいJenkinsが作成したタグ1のイメージが新しいという状態は管理上よくありません。普通に考えれば1より100のほうが最新であるべきです。こういった問題を防ぐためにタイムスタンプという絶対的な値を自動で付与されるバージョンとして利用しています。

◎ パイプライン処理2：環境などの事前チェック

　変数の定義の次は事前チェック（**Pre Check**）としました。これは以後のパイプラインのステージを進めてよいかを判断し、進めるべき状況ではない場合に処理を打ち切るためです。トラブルが起きることがわかっているのであれば、失敗するよりも何もしないほうがマシであるためです。このステージでは以下のチェックをしています。

リスト6-4 Jenkinsfile（抜粋）

```
stage('Pre Check') {
  steps {
    sh "test -f ~/.docker/config.json"
    sh "cat ~/.docker/config.json | grep docker.io"
  }
}
```

　最初にdockerクライアントがDockerHubに接続しているかをチェックしています。レジストリにログインすると、ホームディレクトリに「.docker/config.json」というファイルが作成されます。Linuxのtestコマンドを使ってそのファイルがあるか否かをまず調べています。ファイルがなければtestコマンドが失敗しますので、パイプライン処理がここで打ち切られます。

　次に念のために接続先がDockerHubか否かをファイル内容をgrepすることで調べています。ファイル中に「docker.io」という文字列があればDockerHubであり、文字列がなければそれ以外と判断できま

す。grepで検索対象の文字列がない場合はコマンドの実行結果が失敗になるので、ここでパイプラインが打ち切られます。もっと確実にやるのであれば、実際にテスト用の小さなイメージをリポジトリにPushして成功するか確認するのがよいかもしれません。本書は事前チェックはこれだけとしていますが、他にもビルド用ホストと本番用ホストにログインできるかをチェックしてもよいかもしれません。

◎ パイプライン処理3：ビルド環境でイメージを作成

事前チェックにパスしたため、次のステージとして「ビルド用ホストでのDockerイメージのビルド」を行います。すでに学んだようにdockerコマンドとdocker-composeコマンドはリモートのDockerホストに対して実施できるので、dockerコマンドを使えるJenkinsがビルド用のDockerホストをリモートから操作しています。コマンド内の「${BUILD_HOST}」はenvironmentで設定したホストの値（root@10.149.245.115など）が埋め込まれます。

リスト6-5 ▶ **Jenkinsfile（抜粋）**

```
stage('Build') {
  steps {
    sh "cat docker-compose.build.yml"
    sh "docker-compose -H ssh://${BUILD_HOST} -f docker-compose.build.yml down"
    sh "docker -H ssh://${BUILD_HOST} volume prune -f"
    sh "docker-compose -H ssh://${BUILD_HOST} -f docker-compose.build.yml build"
    sh "docker-compose -H ssh://${BUILD_HOST} -f docker-compose.build.yml up -d"
    sh "docker-compose -H ssh://${BUILD_HOST} -f docker-compose.build.yml ps"
  }
}
```

ビルド用ホストでのビルドは何度も実施されるので、ビルドを開始する前に状態をきれいにします。「docker-compose down」コマンドで前回起動していたコンテナ群を破棄したあとで、前回の状態依存をなくすために永続化されているボリュームの削除も行っています。ボリュームはコンテナに利用されていると削除できないので、コンテナを破棄してボリュームを破棄するという順序です。

そのあとでComposeコマンドでビルドを行い、コンテナを起動し、ログを残すためにpsコマンドでコンテナの状態を書き出しています。

ビルド用のComposeファイルを一部抜粋して掲載します。

リスト6-6 ▶ **/chap6/c6cicd/docker-compose.build.yml**

前略
```
  web:
    build:
```

```
      context: ./web
      dockerfile: Dockerfile
    image: dockerkvs_web
    container_name: dockerkvs_web
    restart: "no"
    depends_on:
      - app
    ports:
      - 80:80
    environment:
      DEBUG: "false"
      APP_SERVER: http://app:80
  app:
    build:
      context: ./app
      dockerfile: Dockerfile
    image: dockerkvs_app
    container_name: dockerkvs_app
    restart: "no"
    depends_on:
      - db
    environment:
      REDIS_HOST: db
      REDIS_PORT: 6379
      REDIS_DB: 0
  db:
    image: redis:5.0.6-alpine3.10
    restart: "no"
    container_name: dockerkvs_db
    volumes:
      - dockerkvs_redis_volume:/data
```

後略

　この内容は5章で説明したものとほとんど同じですが、着目するべき点は2つあります。まず1つ目はrestartポリシーがnoになっている点です。つまり、コンテナが異常停止しても再起動しません。本番環境ではトラブルがあってもコンテナを再度立ち上げることでアプリを継続するべき状況であることが多いです。ただ、ビルドやテストの段階では意図せず再起動が発生するようなイメージであれば、ビルドやテストにきちんと失敗させる必要があります。低クオリティなイメージは本番環境にデプロイされないべきであるからです。restartポリシーを書かなければデフォルトのnoとなりますが、あえてnoと書くことで意図的にこうしていると示しています。

　もう一点は、ビルドをした時点ではタイムスタンプによるタグ付けをしていない点です。「image: dockerkvs_app:${BUILD_TIMESTAMP}」とすればタグ付きのイメージをこの段階で作ることができます。そうせずにタグ名なし「image: dockerkvs_app」としているので、デフォルトのlatestタグが付与

されて「dockerkvs_app:latest」が作成されます。

　これには「docker-compose build」では、必ずしもイメージが作成されるとは限らないという事情があります。たとえば「前回のComposeによるビルドからイメージAは変更があり、イメージBは変更がない」という状態であるとします。Composeによるビルドはイメージ A と B の両方に対して走りますが、ソースコードに変更がなければイメージは作成されません。つまり、タイムスタンプのタグ付きイメージはイメージ A のみ作成され、イメージ B は作成されないのです。最新イメージのタイムスタンプがイメージ A とイメージ B で異なるというのは、CI/CD 的には非常に使いにくい状態です。

　そうならないようにするために、ビルドする段階ではタグなしとしてイメージを作成し、イメージにデフォルトのタグである latest を付与します。たとえ今回のビルドでイメージが作成されなくても、この latest タグを持っているイメージは常に最新です。latest のタグを持つイメージに対してタイムスタンプ付けを行えば、「新しく作成されたイメージ」にも「ビルドがスキップされた際の前回のビルド時の最新イメージ」にも今回のビルドのタイムスタンプのタグを付けることができます。アプリを構成するイメージすべてで同じバージョンのタグを持っているとわかりやすいですし、タグを付けるだけであれば利用するストレージ領域はほとんど増えないためデメリットはありません。

　ビルドに成功したらアプリのテストに移るので、コンテナは停止せずにアップさせたままとしています。コンテナが再起動されてもきちんと動作するか心配な方は、ここですべてのコンテナを再起動しておくのがよいかと思います。ただし、起動直後にテストを開始するとコンテナ内のプロセスが上がりきっていない可能性があるので、テストを実施する前に待ち時間を置くべきです。

◎ パイプライン処理4：ビルド環境でユニットテストを実行

　本書は開発したイメージのテストをビルド用ホスト上で行います。ここで行う自動化されたテストだけではなく、人間が追加チェックするのであればテスト用ホストを別に用意してそこでQAテストを実施するのが一般的です。テストステージの処理は以下となります。

リスト6-7 **Jenkinsfile**（抜粋）

```
stage('Test') {
  steps {
    sh "docker -H ssh://${BUILD_HOST} container exec dockerkvs_apptest pytest -v test_
app.py"
    sh "docker -H ssh://${BUILD_HOST} container exec dockerkvs_webtest pytest -v test_
static.py"
    sh "docker -H ssh://${BUILD_HOST} container exec dockerkvs_webtest pytest -v test_
selenium.py"
    sh "docker-compose -H ssh://${BUILD_HOST} -f docker-compose.build.yml down"
  }
}
```

アプリサーバーへのテストとWebサーバーへのテストをテスト用コンテナ（dockerkvs_apptestと dockerkvs_webtest）から実施しています。テストの詳細を本書（Docker/K8sの入門書）で扱うのは大きな脱線なのでしませんが、テストは「ユニットテスト」と呼ばれる形式で実施されるのが現在の主流です。これはプログラムで書かれたテスト項目を順に実施していくというもので、たとえばAPIで「apple:red」という組み合わせをPostしたあとで、appleをGetしたらredが返ってくるかということをチェックします。

ビルドするたびに人間がテストを実施するのは工数がかかるので、機械的に処理できるテストはプログラムで実施することが望ましいです。本書ではPythonの「**pytest**」という機能でユニットテスト形式で実施しており、テストのためのブラウザ操作を「**Selenium**」というツールで行っています。ユニットテストに失敗すれば、execコマンドの実行結果が失敗となりますので以後の処理が打ち切られます。pytest（もしくは類似のユニットテストツール）もSeleniumも非常に有名なツールです。興味があれば調べて試していただくことをおすすめします。特にSeleniumによるブラウザの操作テストは便利な半面、難易度が非常に高いです。フロントエンドの開発時に「Seleniumで自動テストしやすい作り」を意識しないと、テストのコードをきちんと書くことができないかもしれません。

このステップの最後ではテストにパスしたコンテナをdownさせてビルド環境から破棄しています。ビルドサーバー上のコンテナの役割は終了しました。

◎ パイプライン処理5：イメージをレジストリに登録

テストにパスしたイメージは本番環境で利用するために、レジストリにPushします。本書ではDockerHubのパブリックリポジトリ（無償）を利用しますが、他の人にイメージを見られたくない場合はDockerHubのプライベートリポジトリ（有償）か、他のプライベートレジストリ（自前で用意するか有償サービス）を利用すべきでしょう。Pushするパイプラインは以下となります。

リスト6-8 Jenkinsfile（抜粋）

```
stage('Register') {
  steps {
    sh "docker -H ssh://${BUILD_HOST} tag dockerkvs_web ${DOCKERHUB_USER}/dockerkvs_
web:${BUILD_TIMESTAMP}"
    sh "docker -H ssh://${BUILD_HOST} tag dockerkvs_app ${DOCKERHUB_USER}/dockerkvs_
app:${BUILD_TIMESTAMP}"
    sh "docker -H ssh://${BUILD_HOST} push ${DOCKERHUB_USER}/dockerkvs_web:${BUILD_
TIMESTAMP}"
    sh "docker -H ssh://${BUILD_HOST} push ${DOCKERHUB_USER}/dockerkvs_app:${BUILD_
TIMESTAMP}"
  }
}
```

先のイメージのビルドステージではlatestタグを持つイメージが作成されています。それらのlatestタグを持つイメージに対して「docker tag」コマンドで、名前空間にユーザー名を与え、タグにタイムスタンプを与えます。上記の例でいえば「dockerkvs_web:latest」のイメージに対して「yuichi110/dockerkvs_web:20191224-161412」という名前付けをしています。

2章で説明したように正確には名前変更ではなく、別名を付けるという表現が正しく、オリジナルの「dockerkvs_web:latest」も残っています。イメージ名のフォーマットを整えたら、レジストリに対してPushします。こうすることで、本番環境のDockerホストでビルド環境で作成されたイメージをレジストリを経由して取得できるようになります。

◎ パイプライン処理6：本番環境で本番用イメージを自動展開

本番環境ではイメージのビルドは行いません。開発環境で作成してレジストリにPushされたイメージを、本番環境にPull（ダウンロード）して使います。本番環境に展開するパイプライン処理は以下となります。

リスト6-9 Jenkinsfile（抜粋）

```
stage('Deploy') {
  steps {
    sh "cat docker-compose.prod.yml"
    sh "echo 'DOCKERHUB_USER=${DOCKERHUB_USER}' > .env"
    sh "echo 'BUILD_TIMESTAMP=${BUILD_TIMESTAMP}' >> .env"
    sh "cat .env"
    sh "docker-compose -H ssh://${PROD_HOST} -f docker-compose.prod.yml up -d"
    sh "docker-compose -H ssh://${PROD_HOST} -f docker-compose.prod.yml ps"
  }
}
```

最初にログ目的で本番用のComposeファイルを出力させています。その次は5章で説明した「.env」ファイルの作成で、Composeファイル内の変数に代入する値をセットしています。ちなみに.envの変数名はJenkinsの変数名と統一させており、Composeファイル内の「BUILD_TIMESTAMP=${BUILD_TIMESTAMP}」は「BUILD_TIMESTAMP=20191224-161412」などと展開されてファイルに書かれます。

.envが用意できたら、Composeによるコンテナの展開です。本番環境ではレジストリのイメージを利用するだけであり、ビルドは発生しません。そのためbuildコマンドなしでupコマンドを呼び出しています。利用するComposeファイルは以下のものです。

209

```
version: '3.7'
services:
  web:
    image: ${DOCKERHUB_USER}/dockerkvs_web:${BUILD_TIMESTAMP}
    container_name: dockerkvs_web
    restart: unless-stopped
    depends_on:
      - app
    ports:
      - 80:80
    environment:
      APP_SERVER: http://app:80
  app:
    image: ${DOCKERHUB_USER}/dockerkvs_app:${BUILD_TIMESTAMP}
    container_name: dockerkvs_app
    restart: unless-stopped
    depends_on:
      - db
    environment:
      REDIS_HOST: db
      REDIS_PORT: 6379
      REDIS_DB: 0
  db:
    image: redis:5.0.6-alpine3.10
    container_name: dockerkvs_db
    restart: unless-stopped
    volumes:
      - dockerkvs_redis_volume:/data
volumes:
  dockerkvs_redis_volume:
    driver: local
```

image項目にPushされたイメージを指定しています。繰り返しますが、Composeファイル内の変数はJenkinsの変数ではなく.envファイルで設定された変数です。本番環境ですのでrestartは「unless-stopped」として、コンテナのトラブル時にも可能な限りサービスを継続できるようにしています。それ以外はほとんど開発環境での指定と同じです。

なお、今回はいきなり本番環境にデプロイしてしまいましたが、普通はステージング環境と呼ばれる公開一歩手前の環境にアプリを展開します。そこで大きな問題がないかエンジニアがチェックした上で、手動でステージング環境を本番環境にブルー／グリーンデプロイ手法などで切り替えます。この手法は本書では割愛しますが、有名なデプロイ手法ですので、検索すれば多くの情報が得られるはずです。

7

Kubernetesを理解しよう

Kubernetesについて知ろう

Kubernetes（K8s）は「複数のホストを使って冗長化されたクラスタを構築し、さまざまなサービスから構成されるアプリを柔軟に運用する」という役割があります。K8sはDockerに比べると仕組みが複雑で使いこなせるようには多くの学習が必要です。この節ではK8sの概要と環境構築を行います。

◎ Kubernetesの概要

Dockerで複数コンテナから構成されるアプリを展開するのにCompose（5章）というツールを使用しました。Composeファイルという構成ファイルでどのようにコンテナを展開するかを定義し、それを使ってコンテナ群をコマンド1つで展開しました。KubernetesはこのComposeの発展版と捉えればわかりやすいかもしれません。Composeのように単一のDockerホスト上でコンテナ群を動かすのではなく、冗長性を得るために複数のホストを束ねて「クラスタ」を構築し、その上で冗長化されたコンテナ（1つの機能を複数コンテナが担当）を動かします。

K8sクラスタ上で動くコンテナは、ホスト間の差異を意識せずに運用できます。たとえばホストA上で動くコンテナはホストB上で動くコンテナと通信でき、外部から「ホストA上で動くコンテナに向けた通信」がホストBに届けられれば、ホストBはそれをホストA上のコンテナに転送します。要するにK8sクラスタ上のコンテナはどのホストで動いているかということを意識せず、1つの大きなK8sのクラスタ上で動いているかのように扱われるということです。

こういった多数のホストやノードを束ねるツールは「オーケストレーター」と呼ばれており、K8sはコンテナのオーケストレーターという役割です。ただし、K8sは単にリソースを束ねるだけでなく「その上で動くワークロードの面倒を見る」という点において他のオーケストレーターと一線を画しています。たとえていえば、コンテナがサッカーのプレイヤーであるとすると、K8sはサッカーの監督にあたります。グラウンドの正しい位置に正しく選手（コンテナ）を配置し、チーム（アプリ）としての連携をとれる形を作ります。それだけでなく、あるポジションが役不足になってきたらプレイヤーの数を増やしたり、怪我をした選手（調子が悪いコンテナ）を新しい選手に交代させるといった仕事をします。コンテナのチームを監督する仕事を人間が直接行うこともできますが、人間はそれよりもチームのオーナーと

いう形に近いです。オーナーが監督（K8s）に「こういう方針でお願いします」と頼んでおけば、監督がオーナーに代わって細かいところをカバーしてくれます。

図7-1 現場監督となるKubernetes

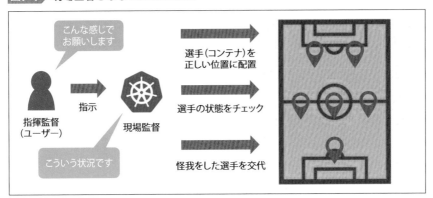

K8sの運用において重要なのは、運用者はチーム（アプリ。コンテナの集合）のオーナーであり、コンテナ（選手）の管理は監督（K8s）が行うということです。最初にK8sの運用者が「あるべき状態」を定義するだけで、あとはK8sが勝手にそれを保とうとしてくれます。具体的には「ノードが壊れたから、その上で動いていたサービス（コンテナ）を他のノードで立ち上げ直す」といった作業を運用者が手動で行う必要はなく、クラスタとして動作するK8sが勝手にコンテナ立ち上げ直して可能な限り元の状態に戻してくれます。コンテナの管理をK8sが人間の代わりに管理してくれることで、大規模なインフラを少人数のエンジニアで管理することができるようになります。

　なお、コンテナのオーケストレーターにはK8s以外にも「Docker Swarm」や「Apache Mesos」などがあります。Composeにそのままオーケストレーション機能を載せたのがSwarmであるため、Dockerの正当なオーケストレーションツールはSwarmです。ただし、現在のオーケストレーションツールのデファクトスタンダートはK8sとなり、Docker社も（しぶしぶ）それを認めてDocker Desktopでのサポートなどを行っています。詳しくは次のK8sの歴史で扱いますが、K8sの出生についてひとことでいえば「別の進化を遂げていたコンテナのオーケストレーションツール（K8sの前身）がDockerを取り込んでK8sとなった」と思ってもらって構いません。

◎ Kubernetesの歴史

　Googleの検索エンジンやGmail、Youtubeなどのサービスはインターネットで公開されており、毎日数10億人のユーザーが何度もアクセスしています。これらは無数のコンピューターをクラスタ化して巨大な計算資源とすることで処理されています。実はGoogleのシステム内ではDockerが普及する

前から別のコンテナ技術が利用されていました。ただし、巨大なサービスを支えるには1つのコンテナでは力不足なので、「大量のホストの上に展開された大量のコンテナ」が必要です。それらのコンテナすべてを人間が丁寧に面倒を見ることはできないため、「Borg」と呼ばれる独自のオーケストレーションツールが利用されていました。

　Googleの社内でBorgをより一般化する形でK8s（当時は別名）の開発が始まりました。社内でK8sがある程度成熟してきた段階で、GoogleはK8sをオープン化する決断をします。巨大なソフトウェアですので無数の個人のソフトウェア開発者に直接ゆだねるということはせず、「CNCF（Cloud Native Computing Foundation）」に寄贈するという形をとりました。K8sとそのオープンさに多くの企業が賛同して、Red Hat（商用Linuxの最大手）、Cisco（ネットワーク最大手）、IBM（SI最大手）などを始めとする企業が開発に加わりました。これが2016年頃の比較的生まれたてな状態のK8sです。現在は市場でのK8sの普及によるユーザー数の増大と、「クラウドベースのインフラに慣れていて開発も得意」なレベルが高いユーザーの性質により、すさまじいスピードで機能拡張が施されています。2016年当時のK8sと比べると、2019年末のK8sは機能的にはるかにリッチになっています。今後もこの流れは継続するでしょうから、K8sを採用する場合は塩漬けにするのではなく、新しいバージョンをどんどん採用して新機能を使っていくことが求められます。

◎ 開発エンジニア視点で見た Kubernetes

　K8sはあくまでもコンテナのオーケストレーションツールなので「コンテナの運用」に利用します。コンテナの開発（イメージのビルド）は別の場所で行うのが一般的であり、開発にはDockerやComposeを利用することが多いです。ただし注意が必要なのは、**コンテナの使い方がDockerとKubernetesで若干異なる**という点です。

　開発エンジニアの方はこのKubernetesの特徴を理解した上で、「コンテナ（Pod）」の間をどう接続するか設計が必要です。この設計も最初に決めたものを未来永劫使い続けることは難しいので、設計変更される可能性も含めてイメージの実装（プログラムの作成）を行う必要があります。2章や4章の知識をベースに環境変数を使った柔軟に利用できるイメージを作成してください。以下に私が採用しているK8s向けのアプリの開発フローの例を記載します。本章でK8sの操作に慣れてもらったあとで、次章でこのフローに沿った開発を体験してもらいます。

図7-2 **Kubernetes用イメージの開発と利用**

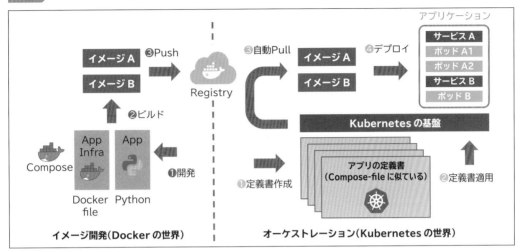

　図の左側がK8sで使うDockerイメージの開発の流れです。4章のDockerfileを使って開発していますが、これに5章のComposeを組み合わせると開発効率が上がります。作成したイメージはレジストリにPushします。K8sのイメージ利用フェーズではこれから説明していく構成ファイル（マニフェスト）を使って、イメージをコンテナ化して展開します。構成ファイルの作成も開発作業の一部となりますが、マニフェストによる展開後は運用作業にあたります。

　図にあるようにK8sはコンテナを展開するために、レジストリへのPushとPullが必要となります。特に製品をリリースするまでの開発段階では、レジストリを挟んだイメージのビルドからK8sへの展開という流れが何度も発生します。高速な開発をしたければ、基盤に近い場所にプライベートレジストリを構築し、DockerでのイメージのビルドからK8sのステージング環境へのデプロイまではパイプラインで自動化することが望ましいでしょう。

◎ インフラエンジニア視点で見たKubernetes

　DockerやComposeは単純な使い方が中心ですので、インフラエンジニアよりもアプリエンジニアが開発／運用の中心となります。ただ、K8sはその複雑さと「本番環境特有の操作（永続性の確保やバックアップなど）」が絡むため、コーディング作業以外はすべてインフラに対する知識が必要となります。それらを開発エンジニアに任せると知識不足によるミスや、開発エンジニアが開発に専念できなくなるという問題があるので、運用のバトンはインフラエンジニアに渡されることが多いかもしれません。DevOpsでは開発も運用も同じエンジニア集団ができることが望ましいですが、残念ながら両方とも一流レベルにできる人材は多くないので役割分担するのが一般的です。

K8sを自前で構築する場合、それはインフラエンジニアの仕事に属します。GCPが提供する**GKE**（K8sのマネージドサービス）などを利用する場合でも、ある程度以上の規模のアプリを作成するのであれば基盤の管理が重要となります。また、クラスタが使う外部環境の整備（ネットワークやデータ永続化のためのストレージ）や、運用が開始したあとのモニタリングや負荷に応じたアプリの設定変更、複雑なデプロイメント作業の設計などもインフラエンジニアの仕事です。

　注意が必要なのは、アプリの開発（イメージのビルド）は開発エンジニアの仕事ですが、アプリの設計（コンテナ間の接続）には、運用開始後の安定性や操作性を確保するために、インフラエンジニアも関わるべきだということです。レガシーなインフラとK8sのインフラは必要な知識やスキルが大きく異なりますので、自分でDockerやK8s上での開発の経験なども積んでインフラよりのハイブリッドなエンジニアになることをおすすめします。C言語やJava言語はプロ開発者のための言語ですが、Pythonは簡潔でライブラリが優秀なので、アマチュア開発者でもそこそこのことができるのでおすすめです。

◎ Kubernetesの構成概要

　K8s環境の構築と運用をするためには、K8sの構成概要を知っておくべきです。内部構造は本章最後のアーキテクチャ説明で行いますが、ここではノードレベルでの構成と、コンテナがどう利用されているかを説明します。以下の図に概要をまとめます。

図7-3　Kubernetesのおおまかな構成

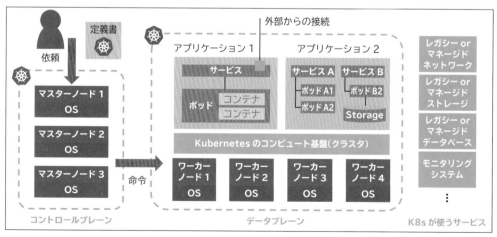

Dockerは Dockerホストがクライアント（dockerコマンド）とのやりとりと、コンテナの実行の両方を担当していました。一方、K8sはクライアント（kubectl）とのやりとりや他の複雑な処理（クラスタの維持やリソース管理）は、図の左側の「マスターノード（マスターと略される）」が担当します。そして実

際にアプリで使われるコンテナを動かすのは図の右側の「ワーカーノード（ワーカーと略される）」と呼ばれるマスターに命令されて処理をするノードが担当します。つまり、マスターノードがコントロールプレーン（頭脳）として使われて、ワーカーノードがデータプレーン（処理をする肉体）を担当します。1つのホストをマスターとワーカーで併用することもできますが、手軽な開発環境といった用途以外ではそのような使い方は推奨できません。併用するとワーカーノードとして忙しくなった場合に、マスターノードとして必要な計算リソースが確保できないといった問題が発生しかねません。そして、図にあるようにマスターとワーカーはホスト障害に備えて複数台で構成されるのが一般的ですが、検証やローカル環境であれば1台で構いません。

　また、K8sでシステムを構築する場合はK8s上だけですべて構築するのではなく、図の右側にあるように従来の方式（仮想マシンなど）と組み合わせたり、クラウドが提供するマネージドサービスなども併用して開発するのが一般的だということは覚えておいてください。無理にすべてをK8sで完結させようとすると、構築や運用の難易度が跳ね上がります。特に次章で扱うデータ永続化周りの仕組みはK8sを使うのではなく、外に置いてある既存のサービス（VMなど）を使う組織が本書執筆段階ではほとんどです。

　トピックをK8s基盤から、K8s上のコンテナに移します。K8s上のアプリの論理的な構成は、大きくは「ポッド」と「サービス（エンドポイント。どう接続するか定義）」および「ボリューム（データの扱い）」で決まります。DockerやComposeでは単体のコンテナを組み合わせてアプリを作っていましたが、K8sではネットワークスタックが共有されたコンテナの集合であるポッドと、水平展開（図のポッドA1,ポッドA2など）されたポッドを束ねるサービスがアプリを作ります。ポッドに1つのコンテナしか定義せず、ポッドを水平展開しなければ、Dockerのコンテナの使い方とほとんど同じになります。

　また、K8sにおいて非常に大事なのは操作を「命令ベースではなく、定義ベースで行う」ということです。サッカーチームの例でK8sの役割の説明をしましたが、K8s流では「フォワード（攻めるプレイヤー）の構成はこう行う」と定義しておけば、決められたポジションに決められた数の正しいプレイヤーを配置し、その状態を保とうとします。フォワードが怪我をして1人減れば、補充して元の数を保とうとします。同じことを命令ベース（「この選手は交代」「元の位置に戻れ」といった指示を実施）で行うこともできますが、それをするには自分でスクリプトなどを使って状態の監視と状態に応じた命令の発行が必要です。K8sではユーザーが定義ファイルをマスターノードに渡せば、その定義をマスターノードが内部的に保持して、その状態をキープするためのアクションを自動で実施してくれます。

　なお、定義ベースの運用はきちんと動いている場合は管理コストを低減できますが、問題が発生したことに気が付きにくいという欠点もあります。たとえばホスト障害時に補充できるホストが不足しているという状況は命令ベースではすぐに気が付くでしょうが、定義ベースではリソースの割り当てが「Pending（待ち状態）」になり、特にエラーが発生しないことなどがあります。そのため、変更などを加えた場合は意図通りに反映されているかすぐに確認してください。また、K8sに適したモニタリングツールなどを導入することで、問題が発生したらすぐに検知できるようになります。

7

Kubernetesを理解しよう

◎ Kubernetes環境の構築

K8sを動かす環境はさまざまですが、おおまかには「動かす場所（オンプレミスかパブリッククラウドか）」と「マネージドかノンマネージドか」という軸で分類できます。マネージドはK8sの運用や管理の大部分を他の組織やツールに任せるという方式で、パブリッククラウドやプライベートクラウドが提供するK8sサービスの利用が典型的な例です。ノンマネージドはバニラ（純正）に近いK8sを自分たちで構築するという方式で、本書で利用するMiniKube（1ノードのKubernetes）などが該当します。ノンマネージドでK8sのクラスタを構築することも可能ですが、構築／運用の難易度が高いため注意してください。

本書では「Docker Desktop for Windows/Mac（以下Docker Desktopとする）」に付属するK8sをローカル開発環境として使い、リモートのK8sとして仮想マシンのCentOS7上に構築するMiniKubeを使います。なお、MiniKubeの導入はDockerホストと同じくAnsibleで行うことを想定していますが、マニュアルでのインストール方法は検索していただければ最新の情報が見つかるかと思いますので本書では割愛します。

マネージドクラスタはGCP（GKE）、Azure（AKS）、AWS（EKS）あたりのユーザーが多いです。GCP（Google）はK8sの開発元であり、現在も多くのコントリビュートをしているため存在感があります。オンプレミスに構築する場合はRedHat（OpenShift）やRancherLabs（Rancher）あたりが有名です。

◉ K8s on Docker Desktopの有効化

K8sはDocker Desktopにバンドルされています。WindowsかMacでDocker Desktopを使っているのであれば、特にインストール作業などは必要ありません。ただし、デフォルトではK8s機能は無効化されているので、Docker Desktopの環境設定からK8sのアイコンを選んで「**Enable Kubernetes**」にチェックを入れて有効化する必要があります。Docker Desktopに限らずK8sはDockerホストよりも多くのリソースを消費します。利用しているPCのスペックが低いとK8s機能の使用に支障があるかもしれないので注意してください。また、ノートPCだとバッテリーの持ちが悪くなるので、不要なときは無効化しておいたほうがよいでしょう。

なお、Dockerの章で扱ったように、Docker Desktopは「仮想マシンのLinuxが立ち上げられ、その上でコンテナが動く」という構成になっています。Docker Desktop上のK8sも当然ながら仮想マシン上で動いており、Docker Desktopを本番環境として使うことは非推奨となっています。また、一般的なK8sのマスターやワーカーノードの構成と大きく異なりますので外部から内部への接続と、内部から外部への接続は独特ですのでご注意ください。本番環境ではサービスとして提供されるマネージドなK8sクラスタを利用するのが一般的で、少数のパワーユーザーのみが複数のLinux上に自組織でK8sクラスタを構築して運用しています。

CentOS7へのMinikubeのインストール（Ansible）

　2章のDockerホストのセットアップと同じ要領で、AnsibleのPlaybookでMinikubeのセットアップを行うことができます。Ansible自体は2章で解説しているので、そちらを参照ください。まず本書が提供しているMiniKube構築用のディレクトリ（/chap7/ansible/minikube/）に移動して、ssh-copy-idコマンドでMinikubeをインストールしたいCentOSホストにSSHの公開鍵を登録します。これでAnsibleが対象ホストを操作できるようになったので、そのホストにPlaybookを適用します。正常にインストールできたら、該当ノードにSSHでログインして「kubectl get nodes」コマンドが使えるか確認してください。

図7-4 Minikubeのインストール

```
# ssh-copy-id 10.149.245.121
# ansible-playbook -i 10.149.245.121, ./pb_centos7.yml
PLAY [all] *********************
中略
PLAY RECAP *********************
10.149.245.121   : ok=23  changed=19  unreachable=0  failed=0  skipped=0  rescued=0
ignored=0
# ssh root@10.149.245.121
[root@yuichi-minikube2 ~]# kubectl get nodes
NAME       STATUS   ROLES    AGE     VERSION
minikube   Ready    master   3m51s   v1.16.2
```

7

Kubernetesを理解しよう

SECTION
02
Kubernetesでアプリを 展開しよう

K8sのアプリ展開には、Dockerと同じく命令方式（dockerコマンド相当）と宣言方式（docker-compose コマンドとComposeファイルによる定義）が使えます。Dockerは命令方式もよく利用されますが、K8sはマニフェストを使った宣言方式が主流です。ここではDockerの公式イメージであるnginxの展開を通して命令方式と宣言方式の利用法を学びます。

◎ 命令方式によるnginxの展開

K8sではマニフェストと呼ばれる構成ファイルを使ってアプリを展開／運用することが一般的です。ただし、dockerのrunコマンドなどと同じように直接コンテナ（Pod）を操作する方法もあります。命令的な利用法は簡単ですし、テストや確認（デバッグ含む）で利用する場面も多くあります。すべてを宣言方式で行うのではなく、ときと場合に応じて両者を使い分けるのがよいでしょう。

それでは、nginxの展開を通して命令的利用法を紹介します。K8sでコンテナを作成するにはrunコマンドを使い、その後ろに作成するリソース名（今回はmynginx）を指定します。「--generator」オプションで展開するコンテナの使い方を指定します。それ以外のオプションはホストとコンテナのポート、イメージの指定です。そして作成したポッドを「kubectl get pods」コマンドで確認します。

図7-5 ▶ コンテナを作成

```
$ kubectl run mynginx --generator=run-pod/v1 --hostport=8080 --port=80 --image=nginx
pod/nginx created

$ kubectl get pods
NAME      READY   STATUS    RESTARTS   AGE
mynginx   1/1     Running   0          9s
```

「kubectl get <リソース種類>」コマンドは、pod以外にもさまざまなK8sのリソースの一覧を取得するために使われています。Podのログを確認するには、「kubectl logs <Pod名>」でPodを指定します。また、K8sのリソース詳細を表示するには「kubectl describe <リソース種類> <リソース名>」コマン

ドでリソースの種類と名前を指定します。先ほど作成したnginxのpodであれば「kubectl describe pods mynginx」となります。

図7-6 情報を確認

```
$ kubectl logs mynginx
10.150.2.82 - - [27/Nov/2019:20:23:11 +0000] "GET / HTTP/1.1" 200 612 "-" "Wget/1.20.3
(darwin18.6.0)" "-"
中略

$ kubectl describe pods mynginx
Name:          mynginx
Namespace:     default
Priority:      0
Node:          docker-desktop/192.168.65.3
...
```

Podでコマンドを発行するには「**kubectl exec <Pod名> <発行するコマンド>**」を利用します。Dockerと同じ「-it」オプション付きでシェルを指定すれば、Podに入ることができます。命令形式でのポッド作成の機会はさほど多くないかもしれませんが、execは開発時のデバッグなどでよく使うので覚えておいてください。

図7-7 コマンドを発行

```
$ kubectl exec mynginx hostname
mynginx

$ kubectl exec -it mynginx sh
# hostname
mynginx
# exit
```

最後に作成したPodを削除します。削除には「**kubectl delete <リソース種類> <リソース名>**」を使います。リソースにpodを指定し、名前にnginxを指定します。

図7-8 Podを削除

```
$ kubectl delete pod mynginx
pod "mynginx" deleted
```

◎ マニフェストファイルの概要

K8sでのアプリ展開は構成ファイルで行われるのが一般的です。この構成ファイルは「マニフェスト」や「マニフェストファイル」と呼ばれています。ここではポッドのマニフェストとそれを外部に公開するサービスのマニフェストの2つを利用してnginxを展開します。構成図を記載します。

図7-9 マニフェストを使った**nginx**の展開構成

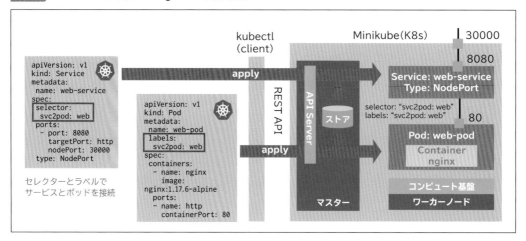

図の左側がマニフェストファイルで、それをkubectlコマンドを経由して右側のMinikubeに適用しています。Minikube内でマニフェストがマスターで処理され、サービスとポッドのリソースがワーカーに作成されます。まずはポッドのマニフェスト（**pod.yml**）を確認してみます。

リスト7-1 **/chap7/c7nginx/pod.yml**

```
apiVersion: v1
kind: Pod
metadata:
  name: web-pod
  labels:
    svc2pod: web
spec:
  containers:
  - name: nginx
    image: nginx:1.17.6-alpine
    ports:
    - name: http
      containerPort: 80
```

　K8sのマニフェストはComposeファイルと同じくYAML形式で記述します。上から順に「**apiVersion**」でマニフェストのバージョンを示し、「**kind**」でリソースの種類、「**metadata**」でリソース名などのメタ情報、「**spec**」でリソースの詳細を記述します。

　重要なのがmetadataの下にある「**labels**」です。ラベルはリソースを分類するためのものです。その子要素である「svc2pod: web」のsvc2podがラベルのキー（key）にあたり、webがバリュー（value）となります。キーとバリューの関係は車とプリウスのようなもので、キーにカテゴリを指定してバリューに具体的な値を設定することが一般的です。たとえば「version:1」と「version:2」や、「app:front」と「app:back」といった具合です。

　ポッドの展開は後ほど行いますので、次にサービスのマニフェスト（**service.yml**）を確認します。ポッドとサービスのような異なるリソースはハイフン区切りで1つのファイルにまとめることもできますが、別々のファイルで定義することが一般的です。まとめる方法は後ほど紹介します。

リスト7-2 **/chap7/c7nginx/service.yml**

```
apiVersion: v1
kind: Service
metadata:
  name: web-service
spec:
  selector:
    svc2pod: web
  ports:
  - port: 80
    targetPort: http
    nodePort: 30000
  type: NodePort
```

　先ほどのPodのマニフェストとトップレベルの定義は同じですが、kind（種類）でサービスとしています。重要なのはspecの下にある「**selector**」で、これを使ってサービスが接続するポッドを指定します。先ほどポッド定義のラベルで与えた「svc2pod: web」と対応付けているので、このサービスの接続先は先ほど作成したポッド（web-pod）となります

　今回のようなシンプルな使い方だと、ラベルではなくリソース名での指定で十分なように思えますが、複数のアプリを同時に運用しているような状況では「アプリの種類」と「アプリのバージョン」などと柔軟に指定します。たとえばポッドとして「app:X, version:1.0」と「app:X, version:2.0」というラベルのものがあるとしましょう。バージョンを問わないセレクターであれば「app:X」と指定すれば両方のポッドが合致しますし、「app:X, version:2.0」とすれば後者のポッドしか合致しません。なお、今回の「svc2pod」というキー名はわかりやすさ優先で付けたキー名で、普通はアプリ名やバージョンなどを使います。

　マニフェストに戻ります。selectorの下にある「**ports**」は外部に公開するポート（portがK8s内部か

7

Kubernetesを理解しよう

223

らの接続で利用するポート、nodePortがホスト外からの接続で利用するポート）と、接続先のポート
（ポッドの公開ポート）を指定しています。Portsで何を指定できるかは、サービスの種類を示す「type」
に依存しています。サービスの種類については次節にて詳細を扱いますが、ここではホストのポートを
公開してポートフォワーディングを行う「NodePort」を選択しています。

　なお、マニフェストの冒頭にあるapiVersionの指定は、正確には「apiVersion: API_GROUP/API_
VERSION」という形式で行います。API_GROUPはリソースの種類により指定内容が変わります。何を
指定すればよいかは「kubectl api-resources」コマンドで確認できますが、そのコマンド出力で
APIGROUPが空欄になっている場合は、バージョンのみを指定します。

◎ マニフェストによるnginxの展開

　ポッドとサービスのマニフェストの解説をしたので、いよいよ両リソースを展開します。まずはサー
ビスの後ろにあるPodを展開します。定義ファイルを使った展開コマンドにはいくつかありますが、
「kubectl apply -f<マニフェストファイル名>」とするのが一般的です。

図7-10 ポッドを展開

```
$ kubectl apply -f pod.yml
pod/web-pod created

$ kubectl get pods
NAME      READY   STATUS    RESTARTS   AGE
web-pod   1/1     Running   0          17m
```

　ポッドリソースが無事に展開できたようなので、次にサービスリソースを展開します。こちらもポッ
ドの展開とまったく同じapplyコマンドを使います。適用されたマニフェストの内部に書かれている種
類（kind）に応じて、展開されるリソースが変化します。

図7-11 サービスリソースを展開

```
$ kubectl apply -f service.yml
service/web-service created

$ kubectl get services
NAME          TYPE       CLUSTER-IP      EXTERNAL-IP   PORT(S)        AGE
web-service   NodePort   10.106.41.222   <none>        80:30000/TCP   111s
```

　これでアプリを外部に公開できました。サービスのマニフェストファイルで指定した30000番ポー

トに接続すればnginxのページが見えるはずです。Docker Desktopを利用している場合は「http://127.0.0.1:30000」で、MiniKubeを利用している場合は「http://<minikubeのIP>:30000」となります。

　設定変更はマニフェストファイルを書き換えて、もう一度applyすることで実施されます。サービスのnodePortを30000から30100に変えれば外部公開ポートが変わります。

図7-12　設定を変更

```
$ kubectl apply -f service.yml
service/web-service configured

$ kubectl get services
NAME          TYPE       CLUSTER-IP      EXTERNAL-IP    PORT(S)        AGE
web-service   NodePort   10.104.191.71   <none>         80:30100/TCP   20m
```

　リソースの詳細はdescribeコマンドでも得られます。他にもgetコマンドに「-o yaml」オプションを加えるとK8sがリソースをどう解釈し、どのような状態と判断しているかを表示できます。ユーザーが定義しなかった内容がデフォルト値などで補われていることがわかります。

図7-13　リソースの詳細を確認

```
$ kubectl get pods web-pod -o yaml
apiVersion: v1
kind: Pod
metadata:
  annotations:
中略

status:
  conditions:
  - lastProbeTime: null
    lastTransitionTime: "2019-11-27T23:14:13Z"
```

　最後に利用したサービスとPodを削除します。削除には「**kubectl delete -f <マニフェストファイル名>**」を使用します。

図7-14　サービスとPodを削除

```
$ kubectl delete -f service.yml
service "web-service" deleted

$ kubectl delete -f pod.yml
pod "web-pod" deleted
```

7

Kubernetesを理解しよう

Kubernetesのネットワークについて知ろう

K8sは複数のノードから構成されるクラスタとしてコンテナアプリを動かします。コンテナの利用法が柔軟（複雑）に設定でき、なおかつ展開されたポッドやサービスがクラスタ（複数ノード）で共有されなければなりません。この節ではサービス機能の利用を通してK8sのネットワークについて学びます。

◎ ネットワークの種類

K8sのアプリもDockerと同じく複数のコンテナ（Pod）を組み合わせて構築するのが一般的です。先ほどポッドに接続させたサービスがK8sにおけるネットワークの定義となります。サービスを理解することで、アプリをどのように外部に公開するかということや、ポッド間をどう接続するかということを理解できます。本節ではネットワーク（サービス）の種類の説明を最初にした上で、WordPressとMySQLを使った構成を作成することで具体的な利用法を学びます。主要なサービスの種類を下図に示します。図の左側がK8s外の世界で、右側がK8sクラスタ内の世界です。

図7-15 ▶ **Kubernetesの主要なサービス（ネットワーク）**

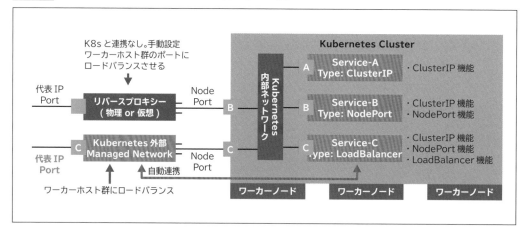

　紹介するサービスは「**ClusterIP**」「**NodePort**」「**LoadBalancer**」の3つです。NodePort は ClusterIP としての機能も持ち、LoadBalancer は NodePort と ClusterIP の機能も持ちます。ClusterIP は K8s クラスタ内で使われる内部ネットワークのためのサービスなので、上記3つのサービスはすべて K8s の内部ネットワークを利用できます。

　図の右上にある ClusterIP はクラスタ内のポッド間を接続するためのサービスです。クラスタ外に対してアクセス手段を提供していないため、あくまでもクラスタ内での通信にしか利用できません。WordPress と MySQL のようにポッド間の連携をとりたいのであれば、面倒なサービスなんて挟まずに直接ポッド間を直接接続すればいいではないかと思うかもしれません。ただ、サービスを挟むことによって「ポッドが壊れて再作成されたときも、新しいポッドにアクセスを継続できる」ことや、「複数のポッドが展開されている際に、処理を分散できる」ことが実現できます。ポッドが内部ネットワークで利用する IP アドレスは定まっていませんが、作成されたサービスの IP は削除されるまで常に同じものが利用されます。そういった観点では、サービスは配下のポッド群を束ねる「Virtual IP」のような存在だといえます。なお、一般的にはサービスの IP を直接指定するのではなくサービス名の指定と K8s 内での名前解決を利用して通信を行います。

　ClusterIP は K8s の内部向けのサービスですが、NodePort は外部からのアクセスを受け付けるサービスとなります。Docker ホストのポートフォワーディングと同じくワーカーノードの指定されたポートにトラフィックをサービスが受け取り、セレクターで指定されたポッドに転送を行います。ただし、ワーカーノードはクラスタ化されているので該当ポッドを持たないノードに届けられた通信はノード間で転送されてきちんとポッドまで届けられます。なお、NodePort は内部で ClusterIP を利用しているので、サービスを外部に公開しつつ内部の別ポッドから通信を行うことも可能です。

　LoadBalancer は NodePort サービスの拡張版です。パブリッククラウドや一部のプライベートクラウドでは事前に予約された IP アドレスのプールから、**IP をインスタンスなどの機能に割り振る機能**があります。それを K8s のサービス機能で利用するためのタイプが LoadBalancer です。

　LoadBalancer で割り出された IP（K8s 外）に対してアクセスが発生すると、それにマッピングされている K8s クラスタの NodePort に通信が転送され、Pod にパケットが届けられます。複数のワーカーノードがあれば、トラフィックは複数ノードにバランシングされます。

　この LoadBalancer サービスは、すべての K8s クラスタが使えるわけではありません。これを使えない K8s クラスタは、一般的にクラスタの前面に物理か仮想のロードバランサー（リバースプロキシー）を置き、ロードバランサーが受け取った通信を裏側にいるワーカーのノードポートに転送するよう自分で設定します。K8s だけでサービスが完結しないため、LoadBalancer サービスに比べてひと手間かかるという欠点があります。

7

Kubernetes を理解しよう

◎ MySQLのマニフェスト

　各サービスの概要説明が完了したので、WordPressアプリの構築を通してこれらのサービスについて学びます。NodePortは先のnginxの展開で学んだため、残るLoadBalancerを使ってWordPressを公開し、WordPressからMySQLへの内部アクセスにClusterIPを使います。Minikubeを使っている場合はLoadBalancerが使えない可能性があるため、その場合はNodePortを使ってください。以下にK8s上のアプリの構成図を記載します。

図7-16 ▶ WordPress ポットと MySQL ポットの接続

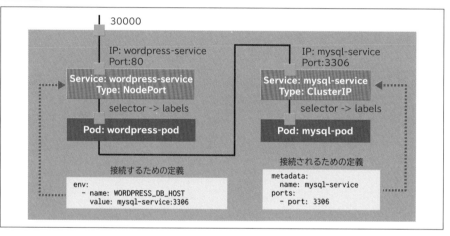

　まずはWordPressの裏側にいるMySQLポッドを作成します。マニフェストにおける新しい点は「env」要素を使って環境変数の設定をしている点です。「name」でポッド内で使う環境変数名を指定し「value」で値を設定しています。書式は違ってもComposeファイルでの環境変数の指定とほとんど同じです。

リスト7-3 ▶ /chap7/c7wordpress/mysql_pod.yml

```
apiVersion: v1
kind: Pod
metadata:
  name: mysql-pod
  labels:
    svc2pod: mysql
spec:
  containers:
  - name: mysql
    image: mysql:5.7.27
```

```
      ports:
      - name: mysql
          containerPort: 3306
      env:
      - name: MYSQL_ROOT_PASSWORD
          value: root-pass
      - name: MYSQL_DATABASE
          value: wordpress
      - name: MYSQL_USER
          value: wordpress
      - name: MYSQL_PASSWORD
          value: wordpress-pass
```

　次にMySQLをK8sのサービスで内部に公開します。注目してもらいたいのは、**spec**下の**type**が **ClusterIP**となっている点です。この設定をすることでK8sの外部にこのサービスは公開しないものの、 K8sクラスタ内部からは「mysql-service」というサービス名で名前ベースでアクセスできるようになり ます。

リスト7-4 **/chap7/c7wordpress/mysql_service.yml**

```
apiVersion: v1
kind: Service
metadata:
  name: mysql-service
spec:
  selector:
    svc2pod: mysql
  ports:
  - port: 3306
    targetPort: mysql
  type: ClusterIP
```

　サービスは代表IPを持ち、そこへのアクセスをポッドにロードバランスさせるのが一般的な使い方 です。詳細は説明しませんがClusterIPにオプションを指定することにより「ヘッドレスモード」という 機能を使うことができます。デフォルト利用法である代表IPを使っている場合は、名前解決をすると 代表IPが返されます。一方、ヘッドレスモードを使っていると配下のすべてのポッドのIPをまとめて 返すという動きをします。それらの複数のアドレスを受け取った通信元ホストは多くの場合はロードバ ランスして通信します。なお、代表IPを使っている場合はロードバランスの仕事をサービスが肩代わ りしていますので、スケール性という点では両者に違いがありません。特別な理由がない限りはヘッド レスモードは利用する必要がありませんが、その存在だけは覚えておいてください。

7

Kubernetesを理解しよう

◎ WordPressのマニフェスト

WordPressのPodのマニフェストも今までと大きな違いはありません。注目していただきたいのは環境変数「**WORDPRESS_DB_HOST**」の値として「mysql-service:3306」を指定している点です。この値は先ほどMySQLのサービスで指定したリソース名とポート番号となっています。wordpressイメージ内ではデータベースへのアクセス先をこの環境変数で知るため、マニフェストファイルからサービス名（IPに名前解決される）を指定することでポッド間の連携をとれます。

リスト7-5 ▶ **/chap7/c7wordpress/wordpress_pod.yml**

```
apiVersion: v1
kind: Pod
metadata:
  name: wordpress-pod
  labels:
    svc2pod: wordpress
spec:
  containers:
  - name: wordpress
    image: wordpress:5.2.3-php7.3-apache
    ports:
    - name: http
      containerPort: 80
    env:
    - name: WORDPRESS_DB_HOST
      value: mysql-service:3306
    - name: WORDPRESS_DB_USER
      value: wordpress
    - name: WORDPRESS_DB_PASSWORD
      value: wordpress-pass
    - name: WORDPRESS_DB_NAME
      value: wordpress
```

続いてWordPressを外部に公開するためのサービスを定義します。MiniKubeも将来的にサービスでLoadBalancerを利用できるようになるかもしれませんが、現時点では使えないためnginxの例を参考にNodePortに置き換えてください。ポートも80ではなく30000などを指定するか、指定しない（ランダムに割り当てられる）必要があります。

リスト7-6 ▶ **/chap7/c7wordpress/wordpress_service.yml**

```
apiVersion: v1
kind: Service
```

```
metadata:
  name: wordpress-service
spec:
  selector:
    svc2pod: wordpress
  ports:
  - port: 80
    targetPort: http
  sessionAffinity: ClientIP
  type: LoadBalancer
```

　このマニフェストで着目するべき点は、typeがLoadBalancerになっていることに加えて、**sessionAffinity**という項目です。これはサービスが受けた通信を複数のPodにロードバランスする際に「同一の通信セッションを常に同じPodに流す」ための設定です。セッションは同じ宛先と送信元の通信であり、sessionAffinityではClientIP（送信元IP基準でバランシング）とNone（何も気にせずバランシング。デフォルト）が指定できます。同じセッションは同じポッドに処理させたほうがトラブルは少ないので、ClientIPを指定しておくのが無難です。

　以上でマニフェストの定義が完了しました。ポッドとサービスを起動すれば、ブラウザでWordPressのページが表示されるはずです。サンプルにあるようにマニフェストをまとめて適用したり消したりすることもできます。サービスを表示すると、タイプや割り当てられているポートなどを確認できます。確認後にリソースを消しておいてください。

図7-17 ▶ ポッドとサービスを起動

```
$ kubectl apply -f mysql_pod.yml -f mysql_service.yml
pod/mysql-pod created
service/mysql-service created

$ kubectl apply -f wordpress_pod.yml -f wordpress_service.yml
pod/wordpress-pod created
service/wordpress-service created

$ kubectl get services
NAME                TYPE            CLUSTER-IP      EXTERNAL-IP    PORT(S)        AGE
mysql-service       ClusterIP       10.109.251.70   <none>         3306/TCP       27s
wordpress-service   LoadBalancer    10.99.158.254   localhost      80:30549/TCP   12s
```

| Kubernetes のアーキテクチャ概要

本章の冒頭で扱ったようにK8sはマスターノード（マスター）とワーカーノード（ワーカー）、およびクラスタを利用するクライアントから構成されます。これらは内部的に以下の図のようなコンポーネントから構成されて、連携をとっています。

図7-18 ▶ マスターとワーカーの内部構成図

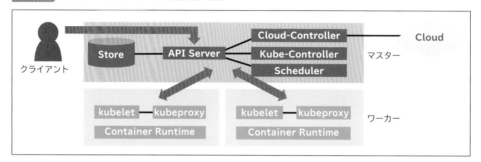

マスターはK8sのクラスタを管理する役割を持っており、クラスタのコントロールプレーン（頭脳）として動作する存在です。APIサーバーはマスター内のコンポーネント間の通信に利用されるだけでなく、クライアントからの操作の窓口となったり、ワーカーノードとの通信にも利用されます。ストアはK8sのクラスタ状態を保存するデータベースのような領域です。コントローラーマネージャーは名前の通りK8sを制御するためのコントローラー群です。ワーカーの現在の状態を確認したり、新しい仕事を与える処理を担当しています。すべてのK8sに共通する根幹的なものは「kube-controller-manager」として作られ、カスタマイズされた差分は「cloud-controller-manager」として実装されます。最後のスケジューラーはクラスタ内のリソースにもとづいて仕事の割り振りを決めます。名前の通り各ワーカーの仕事をスケジュールする役割を持ちます。また、各ワーカーノードが期待された状態になっているかを監視しており、なっていない場合に正しい状態に戻すためのアクションを実施します。

K8s上で作成したアプリ（サービス + ポッド）を動かすのがワーカーの仕事です。マスターノードがコントロールプレーンとすれば、ポッドを動かすワーカーはデータプレーンといえます。ワーカーの構造はマスターに比べて機能的に単純で、kubeletはマシン上でエージェントとして動作することで、マスターのAPIを経由して自分自身に期待されている状態を知り、それに従ってポッドを起動／削除やその他のリソースの操作をします。kubelet自身は判断せず、マスターからの指示に従って動作するだけです。

kube-proxyはK8sのネットワークの維持管理に使われていて、サービスの設定内容を実現するための具体的な処理を担当しています。たとえばノードAに届いた通信をノードB上のポッドに転送したり、異なるノード上のポッド間の通信を中継したりします。

最後のコンテナランタイムはコンテナを動かすサービスであり、CRI（Container Runtime Interface）という規格で標準化されたコンテナ技術を使えます。現時点で一般的な構成は、Dockerと同じくcontainerdとruncの組み合わせ（詳細は3章）となりますが、cri-oやrktletなどを利用することもできます。

Kubernetesを利用しよう

Kubernetes用イメージを開発しよう

K8sで独自のアプリを運用するのであれば、K8s用のDockerイメージの開発が必要となります。ここではDocker編で学んだ開発テクニックを踏み台として、Composeでイメージを開発してK8sで利用する流れを紹介します。Dockerで簡単な構成でイメージ開発とテストを行い、そのあとでK8sの複雑な構成で利用すると開発コストが少なくなります。

◎ 開発の流れ

前章のようにnginxなどの既存の公式イメージを使うのであればイメージの開発は不要です。ただ、独自サービスをK8s上のコンテナで提供したいのであれば、利用するイメージ群の開発が必要です。ここではその題材としてユーザーからのアクセス数をカウントするアプリ（FlaskポッドとRedisポッド）を以下の図の流れで作成します。

図8-1 ▶ **Composeによるイメージ作成とK8s上へのコンテナ展開**

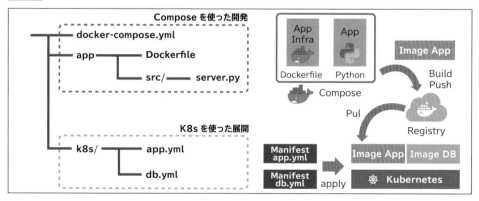

開発作業に取り掛かる前に図の左側にあるディレクトリの構成を確認します。ディレクトリ内はおおまかにCompose用のファイル／ディレクトリとK8s用のファイル／ディレクトリに分けられています。前者がアプリのルートディレクトリにあるComposeファイル（docker-compose.yml）と、アプリを構

成する各イメージのディレクトリ（ここではapp）です。そして後者がK8sのマニフェストファイル群を持つk8sというディレクトリになります。5章で学んだComposeの開発用ディレクトリ構成に、7章で学んだK8sのマニフェスト用のディレクトリを追加しただけです。

　K8s用のイメージと運用を行うためにどういったディレクトリ構造を作るかは組織次第です。ただ、どのようなディレクトリ構成をとろうとDevOpsスタイルで開発と運用を行うのであれば、アプリの開発用コード（ソースコードやDockerfileなど）と運用のコード（マニフェスト）を同一のディレクトリに入れるとSCM（GitHub）で管理しやすくなります。

　図の右側が開発からデプロイまでの流れとなります。Composeを使ってイメージをビルドしたあとで、イメージをレジストリ（DockerHub）にPushします。レジストリにPushされたら7章のnginxやWordPressと同じように自動Pullでappとdbポッドを展開できます。この流れ自体は単純なのですが、注意が必要なのは自作イメージをK8sに展開するのはDockerに比べると手間がかかるということです。Dockerはローカル環境でビルドしたものをすぐにコンテナ化できるのに対し、K8sは作成したイメージをDockerでレジストリにPushしてK8sがそれをPullして利用するという流れを避けることができません。開発したソフトウェアが修正なしに動いてテストにパスする可能性は低いので、おそらく何度もイメージのビルドと実行を繰り返すことになります。そのため、いきなりK8sでテストと実行をするのではなく、簡易構成をComposeで動作確認しながら作成し、それが動いてからK8sに持っていくという開発手法が、展開コストが低くおすすめです。第6章で学んだCI/CDをうまく使ってください。

◉ 作成するアプリの仕様

　アプリのコードを提示します。ブラウザ上で背景色をランダムに生成して「Version:1, AccessCount:X, HostName:Y」というメッセージを表示するFlaskのアプリサーバーです。メッセージのXは今までアクセスされた回数で、Yはホスト名（コンテナ名）です。ページにアクセスされるたびに、Pythonが裏側にいるRedis（DBサーバー）にアクセス数の問い合わせを行います。そしてRedisに+1したアクセス数を再登録してから、クライアントにページ情報を送ります。なお、紙面の都合で接続先のDBホスト名以外のパラメーター（ポート番号など）はコードに埋め込んでいます。

リスト8-1 **/chap8/c8dev/app/src/server.py**

```
import flask, os, re, redis
from random import randint
REDIS = redis.Redis(host=os.environ['REDIS_HOST'], port=6379, db=0)

COLOR = f'rgb({randint(0, 255)},{randint(0, 255)},{randint(0, 255)})'
HTML = '''<!DOCTYPE html>
<html><body style="background-color:{}">
  <h1>Version:1, AccessCount:{}, HostName:{}</h1>
</body><html>'''
```

235

```
app = flask.Flask('app server')
@app.route('/', methods=['GET'])
def index():
  value = REDIS.get('count')
  count = 1 if value is None else int(value.decode())
  REDIS.set('count', str(count + 1))
  return HTML.format(COLOR, count, os.uname()[1])

app.run(debug=False, host='0.0.0.0', port=80)
```

処理の中心となるindex関数の中では、まずRedisからキーcountの値を取得します。Redisが値を持っていなければNoneを返してくるので、if文を使って値を1と見なします。そして、値を1増やしたものをRedisに格納します。こうすることでクライアントからアクセスされるごとにカウント数をプラス1できます。このカウント数と、定数COLORに格納したRGB値、「os.uname()[1]」で得たホスト名を、レスポンスのHTMLに埋め込みます。

定数COLORのRGB値はrandint関数でランダムに生成したもので、サーバー起動時に決定されるので、同じコンテナにアクセスすれば常に同じ色が表示されます。ただし、コンテナを再作成するか再起動すれば、RGB値は再生成されるため色が変化します。

図8-2 アプリの動作イメージ

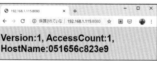

◎ Composeによるイメージのビルド

K8sで使うイメージをComposeとDockerfileで作成します。Composeの使い方を覚えていない方は5章の前半を読み直してください。以下にComposeビルド用のComposeファイルを提示します。yuichi110の部分は自分のDockerHubユーザー名に変更してください。

リスト8-2 **/chap8/c8dev/docker-compose.yml**

```
version: '3.7'
services:
  app:
    build:
      context: ./app
```

```
      dockerfile: Dockerfile
    image: yuichi110/c8dep_app:v1.0
    depends_on:
    - db
    ports:
    - 8080:80
    environment:
      REDIS_HOST: db
    volumes:
    - ./app/src:/src
  db:
    image: redis:5.0.6-alpine3.10
```

　注目してほしいのはイメージ名（image: yuichi110/c7dep_app:v1.0）であり、この時点でネームスペース（DockerHub のユーザー名）とタグを設定していることです。この Compose で開発されるイメージは K8s で利用することが前提なので、レジストリに登録するためにイメージにユーザー名とタグの設定が必須です。Compose ファイルで直接指定してしまえば、あとで tag コマンドで再指定する手間が省けます。次にアプリのビルドに利用する Dockerfile を確認します。

リスト8-3 **/chap8/c8dev/app/Dockerfile**

```
From python:3.7.5-slim
RUN pip install flask==1.1.1 redis==3.3.8
WORKDIR /src
COPY ./src/server.py /src/
ENV REDIS_HOST: 127.0.0.1
ENTRYPOINT ["python", "-u", "server.py"]
```

　ここでは 5 章で紹介した効率のよい開発テクニックを使っています。つまり、「ソースコードを COPY 命令でイメージに直接取り込みつつ、Compose でホスト領域を Bind して上書きする」方法です。K8s のマニフェストを使ってイメージを Bind なしで起動した場合は、ここでコピーされたファイルが利用されます。ソースコードを変更したあとは、Push する前に最新のコードを取り込むために Compose で再ビルドすることを忘れないでください。

　開発が完了したら、Compose でビルドをしてレジストリに Push します。実環境では Push する前に up コマンドでアプリがきちんと起動できて、テストにパスするか確認が必要です。この段階で動かないイメージは Docker のレジストリに Push するべきではありません。

図8-3 **ビルドしたイメージをプッシュする**

```
$ docker-compose up -d --build
中略
```

```
$ docker-compose down
中略
$ docker image push yuichi110/c8dep_app:v1.0
The push refers to repository [docker.io/yuichi110/c7dep_app]
後略
```

◎ Kubernetesでのイメージ展開

　レジストリにK8sで利用したいイメージが登録されたので、K8s上にアプリを展開します。アプリの
マニフェストは以下となります。ハイフン区切りでサービスとポッドの定義を1つのファイルにまとめ
て定義しています。

リスト8-4 /chap8/c8dev/k8s/app.yml

```
apiVersion: v1
kind: Service
metadata:
  name: app
spec:
  selector:
    pod: app
  ports:
  - port: 80
    targetPort: http
    nodePort: 30000
  type: NodePort

---
apiVersion: v1
kind: Pod
metadata:
  name: app
  labels:
    pod: app
spec:
  containers:
  - name: app
    image: yuichi110/c8dep_app:v1.0
    ports:
    - name: http
      containerPort: 80
    env:
    - name: REDIS_HOST
      value: db
```

Podが使うイメージ名はネームスペースとタグ付きで指定されています。先ほどComposeでのビルド時に指定したものと対応付けてください。そしてサービスNodePortでアプリを公開しています。もう1つのマニフェストであるデータベース（Redis）は以下となります。

リスト8-5 `/chap8/c8dev/k8s/db.yml`

```
apiVersion: v1
kind: Service
metadata:
  name: db
spec:
  selector:
    pod: db
  ports:
  - port: 6379
    targetPort: redis
  type: ClusterIP

---
apiVersion: v1
kind: Pod
metadata:
  name: db
  labels:
    pod: db
spec:
  containers:
  - name: db
    image: redis:5.0.6-alpine3.10
    ports:
    - name: redis
      containerPort: 6379
```

アプリサーバーとDBサーバーのマニフェストが作成できたので、先ほどComposeで動作確認したアプリをK8sで展開して、30000番ポートに接続して動作確認をしてください。このイメージはこの章のデプロイメントの説明でも利用するので消さなくて大丈夫です。

図8-4 アプリの展開

```
$ kubectl apply -f db.yml -f app.yml
service/db created
pod/db created
service/app created
pod/app created
```

デプロイメントを使ってみよう

ポッドを柔軟に利用するためにはデプロイメントリソースを使います。水平に同一機能を持つ複数のポッドを展開したり、アプリのバージョンアップを柔軟に実現できます。実運用ではポッドではなくデプロイメントを利用するのが一般的です。本節ではこれに加えてブルー／グリーンデプロイメントなどについても扱います。

◎ デプロイメントリソースの概要

　ポッドとサービスを使ってアプリをK8s上で動かすことはできますが、実運用場面ではポッドを機能拡張したデプロイメントというリソースを使うことが一般的です。デプロイメントは内部的にレプリカセットというリソースを持っており、それがポッドリソースを持つという階層構造となっています。以下にこの3つのリソースの関係を図にまとめます。

図8-5 デプロイメント、レプリカセット、ポッドの関係

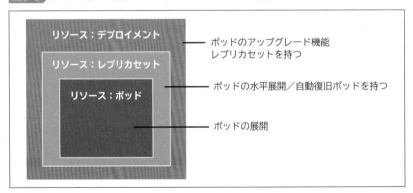

　デプロイメントは内部に下位リソースとして「レプリカセット」というリソースを持ち、それが水平スケール（複数台のポッドを展開して負荷分散）や自動復旧機能（壊れたポッドを新品のポッドに交換する）を担当しています。レプリカセットを持つデプロイメントの主要機能は、ポッドのアップグレード（ソ

フトウェアのバージョンアップなどが発生した際に、古いポッドを新しいポッドに賢く入れ替える）です。マニフェストファイル内でのレプリカセットの設定はデプロイメントと同じ階層で行うため意識しないかもしれませんが、ポッドの設定はデプロイメントの下に「template」という形で行います。今までデプロイメントではなくポッドリソースを使ってきたのは、そちらのほうがシンプルでわかりやすいという理由からです。

　以下に先ほど開発したカウンターアプリをデプロイメントで展開するマニフェストを記載します。specからtemplateまでの間がデプロイメントの新しい設定です。デプロイメントのtemplate以下の設定が前節のPodとまったく同じで、後半のサービスも前節とまったく同じです。

リスト8-6 **/chap8/c8deployment/k8s/app.yml**

```
apiVersion: apps/v1
kind: Deployment
metadata:
  name: app
spec:
  replicas: 5
  strategy:
    rollingUpdate:
      maxSurge: 50%
      maxUnavailable: 0%
  minReadySeconds: 5
  selector:
    matchLabels:
      pod: app
  template:
    metadata:
      name: app
      labels:
        pod: app
    spec:
      containers:
      - name: app
        image: yuichi110/c8dep_app:v1.0
        ports:
        - name: http
          containerPort: 80
        env:
        - name: REDIS_HOST
          value: db

---
apiVersion: v1
kind: Service
metadata:
```

8

Kubernetesを利用しよう

241

```
    name: app
spec:
  selector:
    pod: app
  ports:
  - port: 8080
    targetPort: http
    nodePort: 30000
  type: NodePort
```

　リソース間を結びつけるセレクターの利用法が紛らわしいのですが、「デプロイメントのセレクターとポッド（template）のメタデータのラベル」および「サービスのセレクターとポッドのラベル」が対応付けられています。こうすることでデプロイメントに利用するポッドを伝えて、サービスにも通信を流すポッド（複数作れるようになっている）を伝えています。デプロイメントのマニフェストの上部で定義されている内容は、ここから機能ごとに説明していきます。なお、データベース（Redis）のマニフェストは前節のものと完全に同じなので省略します。

◎ ポッドの水平スケールと自動復旧

　アプリで多くの処理が必要な場合は高いパフォーマンスが求められます。パフォーマンスを高める手法としてわかりやすいのが「垂直スケール」と呼ばれるもので、要するにサーバーやコンテナの性能向上です。計算資源（CPU／メモリ／ディスクIOなど）の性能を向上させることで、さばける処理の数を増やします。マシンリソース（ハードウェアやVM）が貧弱であったり、コンテナにリソース制限などをかけている場合は、まずはパフォーマンスを増強してみるのがよいと思います。ハード性能やリミット制限の向上によるパフォーマンスアップは簡単です。

　もう1つの性能向上の手法は「水平スケール」と呼ばれるもので、1つのサーバーが担当していた処理を2つ以上のサーバーに担当させることで合計処理量を増やすというものです。今まで扱ってきたロードバランスがこの水平スケールに利用されます。K8sではデプロイメントに含まれるレプリカセットリソースが水平スケール機能を担当しています。マニフェストファイルの「replicas」が水平スケールの設定です。

前略
```
spec:
  replicas: 5
  strategy:
```
後略

この例では5が指定されているので、5つのポッドが水平展開されます。それらのポッドの前面にいるサービスは受け取ったクライアントからのアクセスをレプリカセットで作られた複数のポッドに自動でロードバランスさせます。実際にデプロイメントとサービスのリソースを作成して挙動を確かめてみます。

図8-6 ▶ **5つのポッドを展開**

```
$ kubectl apply -f db.yml -f app.yml
service/db created
pod/db created
deployment.apps/app created
service/app created

$ kubectl get pods
NAME                    READY   STATUS    RESTARTS   AGE
app-df9bfbdb4-2pc5n     1/1     Running   0          3m12s
app-df9bfbdb4-jbfbf     1/1     Running   0          3m12s
app-df9bfbdb4-jjhr5     1/1     Running   0          3m12s
app-df9bfbdb4-php97     1/1     Running   0          3m12s
app-df9bfbdb4-szzdd     1/1     Running   0          3m12s
db                      1/1     Running   0          3m12s
```

上記の出力にあるように「kubectl get pods」コマンドでポッドリソースを確認すると、マニフェスト通りにdbポッドが1つと、appポッドがレプリカセットで5つ展開されていることがわかります。ブラウザでNodePortで定義した30000ポートにアクセスし、何度か画面をリロード（ページ更新ボタンを押す）してみてください。サービスリソースが水平展開されている複数のポッドにアクセスをロードバランスさせるため、画面をリロードするたびに画面の色と表示されるホスト名が変化するはずです。

レプリカセットは水平展開をするだけではなく、指定された数のポッドを保とうとします。たとえばコンテナがトラブルで停止してポッドが1つ減ったとしても、新規にポッドを立ち上げることで同じポッド数に戻します。「kubectl get replicaset」コマンドでレプリカセットの情報を得ると、期待すべきポッド数（DESIRED）と現在のポッド数（CURRENT）が確認できます。

図8-7 ▶ **レプリカセットの情報を確認**

```
$ kubectl get replicaset
NAME              DESIRED   CURRENT   READY   AGE
app-df9bfbdb4     5         5         5       5m11s
```

プログラムにバグを仕込むなりしてわざと障害を起こして確認してもよいのですが、ここではポッドをdeleteコマンドで削除することで動作確認をしてみます。先のget podsコマンドで確認できたpod名を2つか3つほど指定して消してみます。

8

Kubernetesを利用しよう

図8-8 ▶ ポッドを削除

```
$ kubectl delete pods app-df9bfbdb4-2pc5n app-df9bfbdb4-jbfbf app-df9bfbdb4-jjhr5
pod "app-df9bfbdb4-2pc5n" deleted
pod "app-df9bfbdb4-jbfbf" deleted
pod "app-df9bfbdb4-jjhr5" deleted
```

　すぐに復旧されるので実際にポッド数が減っている状態をコマンドで捉えるのは難しいですが、ポッド一覧を取得すると名前と起動時間（AGE）から3台のポッドが自動で起動されていることがわかります。ブラウザで再起動されたポッドにアクセスした際のバックグラウンドカラーも変更されているはずです。

図8-9 ▶ ポッド数の確認

```
$ kubectl get pods
NAME                   READY   STATUS    RESTARTS   AGE
app-df9bfbdb4-fm7cb    1/1     Running   0          83s
app-df9bfbdb4-ld8kz    1/1     Running   0          83s
app-df9bfbdb4-php97    1/1     Running   0          15m
app-df9bfbdb4-szzdd    1/1     Running   0          15m
app-df9bfbdb4-xv26f    1/1     Running   0          83s
db                     1/1     Running   0          15m
```

　この復元機能は先に説明したマスターがワーカーの状態を監視する仕組み（リコンサイルループと呼ばれる）で実現されています。問題がある状態を復元させる場合はスケジューラーがノードセレクター（どのノードを使うか）やアフィニティ（優先度調整）などを考慮した上で、可能な限り別々のワーカーノードにポッドを分散させるという動きをします。なお、復元とは「壊れたポッドを破棄して、新規作成する」処理です。そのため、データ永続化がきちんとされていないと、交換されたポッドが持っていた情報はすべて消失するので注意してください。

　今回は停止という極端な例でしたが「どういった状態がポッドとして生きているとするか」は考慮する必要があります。いわゆるゾンビ状態（立ち上がっているが動作していない）を発生させないためにはLivenessProbe機能などを使うことで問題を検出する必要もあります。ゾンビ状態を検出できなければサービスは動かないポッドにトラフィックを転送してしまいますし、レプリカセットもポッドを再作成することができません。本書では割愛しますが、本番環境では利用が必須の機能です。

◎ どのようなポッドを水平スケールさせられるか

　水平スケールを実施するにはアプリの設計段階から考慮が必要です。今回の例でいえば、Pythonのアプリサーバーは状態を持たないのでスケールさせやすいです。アクセスカウントという状態はデータ

ベースのRedisに任せているので、どのポッドにアクセスがきても大差はありません。一方、Redis（ステートレスではなくステートフル）はスケールさせにくいです。Flaskと同じように何も考えずにレプリカセットを使うと、アクセスするポッドによって持っている値が違うという最悪な状態になります。たとえばRedis-1でカウントアップをしても、Redis-2には反映されていないため、Redis-2にアクセスが行くと別のカウント値が返されます。つまり「状態を持たないステートレスなポッド」がスケールに向いているといえます。ただしアプリのボトルネックとならないような負荷の小さい箇所をスケールさせる意味はあまりないので、並列化してレスポンスタイムを短くしたいフロントからアプリ寄りのサーバーや、時間のかかる計算をマップレデュースで実現するビッグデータの分散処理などが使い所です。

ステートフルのアプリをスケールさせることも一応は可能です。たとえば、RedisであればRedisクラスタという機能を使って複数のRedisを束ねることができます。一般的なRDB（リレーショナルデータベース）であれば、レプリケーション機能などを使ったマスタースレーブ構成でスケール可能です。ただ、こういったアプリは設定ファイルで連携する別のサーバーのIPなどを指定したり、台数が変更されたら再起動などが必要となります。それを単純なレプリカセットで実現するのはかなり難しいです。ただ、スケールしにくいものを頑張ってスケールできるような仕組みを作り込むと、コンテナの強みである「どこでも同じものを展開できる」という特徴が薄まってきます。そして現在使っている環境に重力（動くのが面倒なのでいやいや使い続ける状況）が発生してきます。現時点で正しい回答は存在しないので「K8sの外部に出す（従来の手法で展開したりクラウドのマネージドサービス（後述）を利用するなど）」「K8s上で仕組みを自分で作り込む」「K8sのオペレーター（特定のアプリ向けのコントローラー）の利用」などを検討してください。

◎ バージョンアップ戦略

デプロイメントはアプリを継続的に運用することを想定したリソースです。アプリに変更が発生した場合に、どうやってポッドを置き換えていくかというルールを「ロールアウト」として定義できます。また、デプロイメントリソースに変更の履歴を保持させることで、新しいアプリに問題があった際に昔のバージョンにロールバック（切り戻し）を行うこともできます。

まずはロールアウトを試すために新しいバージョンのイメージを作成し、それをレジストリに登録する作業を行います。Flaskのコード内に埋め込まれたHTMLをVersion:1からVersion:2に書き換えます。書き換えたコードとビルドするためのComposeファイルはダウンロードした資料に含まれます。

`前略`

```
HTML = '''<!DOCTYPE html>
<html><body style="background-color:{}">
  <h1>Version:2, AccessCount:{}, HostName:{}</h1>
</body><html>'''
```

新しいソースコードを持つアプリをdocker-composeでビルドし、レジストリにPUSHします。
Composeファイル内でイメージ名は「yuichi110/c7dep_app:v1.0」から「yuichi110/c7dep_app:v2.0」
に変更しています。

```
$ docker-compose build
中略

$ docker image push yuichi110/c7dep_app:v2.0
後略
```

準備が整いましたので、レプリカセットの説明で展開したv1.0のイメージのアプリをv2.0イメージ
に置き換えます。v1.0が展開されていないとロールアップの挙動が確認できませんので、展開されてい
なければ事前に準備しておいてください。デプロイメントのマニフェストファイル（app.yml）を開いて、
利用するイメージのタグをv2.0に変更します。

```
前略
    - name: app
      image: yuichi110/c7dep_app:v2.0
      ports:
後略
```

そして、変更したマニフェストファイルをapplyコマンドで再適用します。すぐに展開されているポッ
ドが新しいバージョンに更新されていきます。適用後にブラウザのリロードボタンを20秒ほど何度も
押し続けて、アプリがどのようにアップグレードされるか観測してください。

図8-10 ▶ マニフェストファイルを再適用

```
$ kubectl apply -f app.yml
deployment.apps/app configured
service/app unchanged
```

アプリがいきなりv1.0からv2.0になるのではなく、あるときはv1.0の出力となり、別のときはv2.0
の出力が得られたかと思います。ただ、時間を追うごとにポッドがv1.0からv2.0に置き換わっていく
ため、最終的にすべてアクセスでv2.0のレスポンスが得られるようになります。この動きはデプロイ
のspecで定義した以下の部分で決まります。

```
   strategy:
     rollingUpdate:
       maxSurge: 50%
       maxUnavailable: 0%
   minReadySeconds: 5
```

　一番重要なのがstrategy配下のrollingUpdateという箇所で、アップデート方式にレプリカセットで展開されているポッドを順番に置き換えていく「ローリングアップデート」という方式を指定しています。配下のmaxSurgeはレプリカセット数よりどれだけ多くのポッドを一時的に作成してよいかを設定し、maxUnavailableはレプリカセット数からどれだけポッドがいなくなっても大丈夫かを設定します。クラスタのリソースに余裕があれば、上記のように余分に作って稼働させるポッド数を減らさない設定でよいでしょう。以下にローリングアップデートの挙動を図に示します。

図8-11 ローリングアップデートによるポッドの置き換え

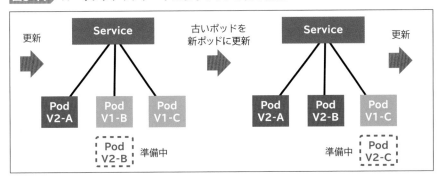

　ローリングアップデートではレプリカセットを新規に作成して、新しいレプリカセットで新しいポッドを展開しつつ、古いレプリカセットからポッドを減らしていくという挙動をとります。getコマンドでレプリカセットを確認すると、新しいバージョンのものと古いバージョンのものが存在していることがわかります。

図8-12 レプリカセットを確認

```
$ kubectl get rs
NAME           DESIRED   CURRENT   READY   AGE
app-9dc66867c  5         5         5       32m
app-df9bfbdb4  0         0         0       4h28m
```

　なお、アップグレードの手法にはローリングアップデート以外に「**Recreate**」というものがあります。こちらはすべての古いバージョンのポッドを一度停止して、そのあとで新しいバージョンのポッドを一気に立ち上げるというものです。停止している間はアプリが動作しないので気を付けてください。デフォ

8

Kubernetesを利用しよう

ルトはローリングアップデート方式なので、あえてリクリエイト方式を選ぶ必要はないかもしれません。なお、設計やイメージが大きく変わって新旧バージョンのポッドが混在できないシナリオでは、後述する「ブルー／グリーンデプロイメント」の利用をおすすめします。

◎ ロールバック

ロールアウトが成功したかは、「kubectl rollout status deployment <デプロイメント名>」コマンドで確認できます。引数でデプロイメントのリソース名を指定します。

図8-13 ロールアウトを確認

```
$ kubectl get deployment
NAME    READY   UP-TO-DATE   AVAILABLE   AGE
app     5/5     5            5           4h23m

$ kubectl rollout status deployment app
deployment "app" successfully rolled out
```

仮にこのv2.0のアプリにバグがあったとしましょう。昔のバージョンに切り戻すためのロールバックを実施するには、「**kubectl rollout undo deployment** <デプロイメント名>」コマンドを発行します。コマンドを発行した直後にアプリページでブラウザの更新ボタンを連打すると、v2.0からv1.0に変化していく様子が見受けられるはずです。ローリングアップデートと同じ要領でポッドが順番にダウングレード（昔に戻る）されていきます。

図8-14 ポッドをダウングレード

```
$ kubectl rollout undo deployment app
deployment.extensions/app rolled back

$ kubectl get deployment
NAME    READY   UP-TO-DATE   AVAILABLE   AGE
app     5/5     5            5           7m7s
```

他にはK8sに限りませんが、ブルー／グリーンデプロイメントと呼ばれる手法もよく利用されます。興味がある方は調べてみてください。

次世代のインフラと
アプリ設計について学ぼう

コンテナは必然性から開発されて一般に普及した技術です。なぜコンテナが必要になったかを
インフラと開発の両方の歴史から知ると、コンテナの正しいありかたが見えてきます。また、コ
ンテナ以外の現在のクラウドや DevOps といったトレンドも踏まえて、執筆時点（**2020 年初頭**）
の最先端の状況（今後数年で一般組織が追いついていくと思われる）について扱います。

◎ インフラと開発技術の歴史

本書の Docker と Kubernetes の具体的な話はすべて終わりました。ここからはそれらを使うことで、
これからのアプリの開発やインフラの運用構築がどうなっていくかということについてお話したいと思
います。最初にインフラについて扱い、次にその上で動くアプリについて扱うという順序で進めます。
まず全体像は以下のようになります。左ほど古くて右に行くほど新しくなりますが、2020 年以降は著
者の予想を含みます。

図8-15 基盤と開発のトレンド変遷

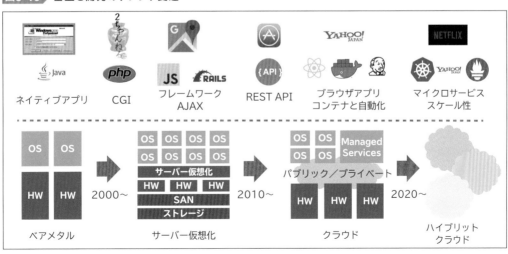

最もレガシーな構成はハードウェア（ベアメタル）上に直接アプリを構築します。Linux や Windows の OS をハードウェアにインストールし、その上に手動でさまざまなサービスを展開して連携させるというものです。数百行を超える複雑な設定ファイルなども手動で設定します。このころのアプリはデスクトップ上で動くネイティブアプリが中心で、サーバーとの接続はアプリごとに独自形式で実装されていました。2000 年頃から Perl やレガシーな PHP による CGI なども 2000 年頃に普及し始め、HTTP というプロトコルの重要性が高まってきます。

次にベアメタルから**サーバー仮想化への移行**が発生します。ハードウェアの性能が倍々で向上してく状況で VMWare 社が「1 つのハードウェアで複数の OS を走らせる」というサーバー仮想化技術を一般普及させました。サーバー仮想化とマシンのクラスタ技術は、**ハードウェアのリソースを束ねてプール化**することで、ハードウェアの台数（購入コストの低減）を減らしてスペックの有効活用（リソースが余っていたら仮想マシンを増やせる）ができるようになり、HA（ハード故障時に OS が別のハードで勝手に再起動）や、仮想マシンのクローンにより運用コストも低下しました。

このころは Web サービスの開発が急激に増え始めた時代です。Web サービスやスマホのアプリはアクセス／インストールさせてなんぼの弱肉強食の世界であるため、**多くの Web サービスが量産され、それらが数週間という短いサイクルでアプリが更新される**という状況となりました。効率よくサービスを作成するための Rails などの Web フレームワークや JavaScript で動的にページを更新する jQuery や AJAX が重要性を増してきます。AJAX の普及にともない REST API ベースの Web サービスが一般化します。

次の大きなイベントは図の右にある「2010 年代からの AWS や Azure、GCP に代表される**パブリッククラウドの台頭**」です。これらはお金さえ払えば仮想化の環境を利用できるため、大規模なサーバー仮想化環境を構築できない小規模な事業者や多くのインフラエンジニアを抱えていない Web 系の会社の多くがパブリッククラウドを利用し始めました。そして 2015 年頃あたりからはパブリッククラウド相当のものを自社環境上（オンプレミス）で構築しようという流れが発生し、「**プライベートクラウド**」の導入が増えます。OpenStack(オープンスタック) や、VMWare および Nutanix などのクラウド基盤構築ソフトなどが広く普及し始めます。このころの Web サービスは複雑化や大規模化、リリースサイクル短縮という命題のためにコンテナや CI/CD などが広く導入され始めます。また、React や Vue に代表される SPA(Single Page Application) や、JavaScript の開発性を高める node.js の普及なども大きなポイントです。

◎ Docker/Kubernetes を使ったクラウドの抽象化

先ほどの図の 2020 年以後の推移ですが、おそらくインフラ業界的にはハイブリッドクラウドと呼ばれる複数のクラウドの併用をする方向性で動くことが予想されます。パブリッククラウドとオンプレミスクラウドをつなげたり、パブリッククラウド同士であっても得意な仕事ごとに使い分けるといった利用法です。現時点でも複数クラウドを利用しているユーザーはいますが、ほとんどはそれぞれを独立し

た環境（サイロ）として利用しています。なぜこういったクラウド間の連携をしないかというと、クラウドごとに操作方法が異なり、ワークロード（仮想マシンやインスタンス）の移行なども簡単ではないためです。ただ、本書で学んだDockerやK8sは多くのクラウドで使えるので、それを「抽象化レイヤー」として使うことでハイブリッドクラウドを実現できます。GoogleのAnthosやVMWareのTanzuなどはそのエンタープライズ版と位置付けられます。

図8-16 ▶ クラウドの抽象化レイヤーとなるコンテナ環境

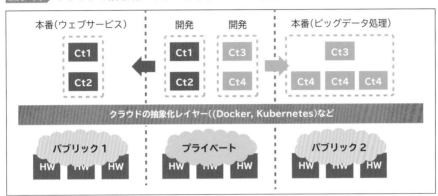

　この図はプライベートクラウド（もしくはサーバー仮想化環境やノートPCでもOK）上で開発したDockerのアプリをパブリッククラウドで動かすというシナリオです。プライベートとパブリックのすべてのクラウド上にDockerホストやK8sのクラスタを構築し、それらの環境の差分は可能な限り少なくします。そうするとプライベートクラウドで開発したイメージ（環境依存なし）をパブリッククラウドで展開するだけで、サービスをクラウドをまたがって移動させることができます。もちろん現実的なアプリは稼働を継続したりコンテナ化しにくいデータがあるため簡単な作業ではありません。それでも手動でクラウドを操作してマシンのセットアップを行うよりは手間が少なく、そのまま動く可能性が高いです。

◎ DevOpsを実現させる方向性を知ろう

　ここまでのインフラの歴史とアプリ開発の歴史を踏まえた上で、レガシーな開発／運用と新しい開発／運用（DevOps）を比較していきます。すでにDevOpsが日本よりも導入されている傾向のあるアメリカで、旧来のインフラ／開発と新しいインフラ／開発を比較する文脈で「**Pets（ペット）VS Cattle**（家畜の牛）」というワードがよく使われます。ペットと家畜はそれぞれ「手がかかるすごく大事な存在」と「管理され置き換え可能な手のかからない存在」です。以下にレガシーな開発方式と運用方式と、新しい開発と運用方式（DevOps）の比較図を記載します。

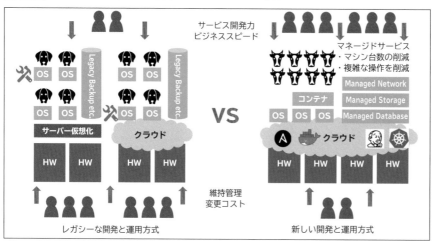

図8-17 開発／運用体制の比較（レガシー vs DevOps）

図の左側がレガシー方式で「インフラやその上で動くアプリが、どんどんペットになる」状況を示しています。物理サーバーや仮想マシンに対してアプリやサービスを手動で展開していると、だんだんとその環境が「大事なもの」になってきます。なぜなら、改めて作成し直すことが大変であり、変更作業は環境を壊さないようにプランを立ててデリケートに実施する必要があります。大事なペットには名前があり、きちんと面倒を見る必要があるように、大事な環境にもホスト名による識別や日々のメンテナンスが必要となります。当然ながら運用コストも高いですし、障害発生時に問題を解決するのも時間がかかります。

　一方で図の右側はインフラを家畜（管理された置き換え可能な手のかからない存在）のように扱う構成です。牧場主は家畜が死んだら悲しむでしょうが、それは牧場のビジネスには影響しません。家畜は番号で管理され、病気になったら処分されて終わりです。それと同じようにアプリを構成するインフラは置き換え可能な存在として扱われ、その構築や変更も機械的に処理されます。運用コストは下がりますし、障害発生時は復旧ではなく交換すればよいだけです。なお、図の右にあるようにパブリック／プライベートクラウドには「マネージドサービス」という機能が搭載される場合があります。これは自社でメールサーバーの運用をせずにMSのOffice 365（Outlook）やGoogleのGmailを使うことに似ています。データベースやストレージなどを自分たちで頑張って運用するのではなく、クラウドが提供するサービスとして利用します。そうすることでスケールアウトや冗長化およびバックアップなどの複雑な構成や運用を難しいことを考えずに行えます。ただし、クラウド独自のマネージドサービスに過度に依存すると、別環境（別のクラウドなど）への移行の難易度が上がることは忘れないでください。それから「レガシー環境をそのままパブリッククラウドに持っていく」ということを多くの企業が実施していますが、クラウドの利点をほとんど使えず、無駄にコストが高くなるためほめられる使い方ではありません。単なる移植ではなくきちんとアプリの設計をクラウド用に作り直すことが望ましいです。

［著者略歴］
伊藤　裕一（いとう　ゆういち）

アメリカ ノースカロライナ州ダーラムにて出生。1986年生まれ。東京大学大学院学際情報学府・総合分析情報学コースにて修士号を取得後、シスコシステムズに入社。5年の勤務、Nutanixに入社し現在に至る。専門はデータセンターテクノロジー全般であり、下はラックデザインから上はサーバOSまでをカバーする。特にネットワークとサーバ仮想化、プログラミングが得意分野。ベンダーにてアジア太平洋地域（主にアメリカ西海岸からシンガポールまで）の顧客に対してテクニカルサポートを提供。また、テクニカルプレゼンテーション及びテクニカルライティングも得意としている。学生時代に仮想ネットワーク用のソフトウェアルーターの開発をしており、情報処理推進機構の未踏プロジェクトに参加。

■お問い合わせについて

本書の内容に関するご質問は、下記の宛先までFAXまたは書面にてお送りください。電話によるご質問、および本書に記載されている内容以外の事柄に関するご質問にはお答えできかねます。あらかじめご了承ください。

〒162-0846
東京都新宿区市谷左内町21-13
株式会社技術評論社　書籍編集部
「たった1日で基本が身に付く！ Docker/Kubernetes 超入門」質問係
FAX番号　03-3513-6167

なお、ご質問の際に記載いただいた個人情報は、ご質問の返答以外の目的には使用いたしません。また、ご質問の返答後は速やかに破棄させていただきます。

●カバー　　　　　　　　　　菊池 祐（ライラック）
●本文デザイン　　　　　　　ライラック
●編集・DTP　　　　　　　　リブロワークス
●担当　　　　　　　　　　　青木 宏治
●技術評論社ホームページ　　https://book.gihyo.jp/116

たった1日で基本が身に付く！ Docker/Kubernetes 超入門

2020年7月25日　初版 第1刷発行
2021年1月29日　初版 第2刷発行

著者　　　　伊藤 裕一
発行者　　　片岡 巌
発行所　　　株式会社技術評論社
　　　　　　東京都新宿区市谷左内町21-13
　　　　　　電話　03-3513-6150　販売促進部
　　　　　　　　　03-3513-6160　書籍編集部
印刷／製本　図書印刷株式会社

定価はカバーに表示してあります。

ISBN978-4-297-11428-2　C3055
Printed in Japan